BOTANISCHE ABHANDLUNGEN

AUS DEM GEBIET

DER MORPHOLOGIE UND PHYSIOLOGIE.

HERAUSGEGEBEN

VON

DR. JOHANNES HANSTEIN,

PROFESSOR DER BOTANIK AN DER UNIVERSITÄT BONN.

ERSTER BAND.

Mit Beiträgen von J. Hanstein, E. Pfitzer, J. Reinke und W. Pfeffer.

MIT 32 TAFELN.

BONN,

BEI ADOLPH MARCUS.

1871.

DIE
ENTWICKLUNG DES KEIMES
DER
GATTUNG SELAGINELLA.

VON

W. PFEFFER,
PRIVATDOCENTEN AN DER UNIVERSITÄT ZU MARBURG.

MIT 6 LITHOGRAPHIRTEN TAFELN.

BONN,
BEI ADOLPH MARCUS.
1871.

Inhalt.

Die Entwicklung des Keimes der Gattung Selaginella.

Die Entwicklung des Keimes

der Gattung Selaginella.

Eine kritische Behandlung der spärlichen Literatur, welche über Keimung und Entwicklung von *Selaginella* vorliegt, unterlasse ich, da die Ansichten früherer Autoren besser im Verlauf meiner eigenen Untersuchungen berücksichtigt werden. In Folgendem gebe ich nur eine gedrängte Uebersicht der Resultate früherer Forschungen, soweit diese eben in die Grenzen meiner Arbeit fallen [1]).

Die Keimung der grossen Sporen von *Selaginella denticulata* wurde zuerst von Brotero [2]), dann auch von Salisbury [3]) beobachtet, welcher auch, freilich nicht sehr genaue Abbildungen lieferte. Diese Autoren nehmen an, dass der ganze Inhalt der Spore (Dotter) sich in das Pflänzchen verwandle, welches die dreiklappig aufspringende Spore durchbricht. An dem Pflänzchen sahen sie ein Würzelchen, zwei, auf einem Stielchen sich erhebende Samenlappen und zwischen diesen die Gemmula, welche sich gleich über den Kotyledonen gabelig theilte.

Bischoff [4]) zweifelte die Richtigkeit der Angaben der vorge-

1) Die älteste Literatur, welche sich namentlich mit Erörterungen über geschlechtlichen oder ungeschlechtlichen Werth der Sporen der *Lycopodien* beschäftigt, ist von Bischoff (die kryptog. Gewächse Deutschlands und der Schweiz, 2. Lief., 1828, p. 111 u. 119) ausführlich behandelt.

2) Brotero, Transact. of the Linn. soc. T. V, p. 162.

3) Salisbury, Ebenda T. 12; auch in Isis 1820, Heft V, p. 451 u. Taf 4.

4) Bischoff, die kryptogam. Gewächse, 2. Lief., 1828, p. 125.

nannten Autoren zuerst an, nachdem er aber selbst *Selaginella denticulata* zum Keimen gebracht hatte, hielt er dafür, dass die grossen Sporen dieser Pflanze nicht als Sporen zu betrachten seien, da deren Entwicklung von der der Sporen aller kryptogamischen Gewächse vollständig abweiche. Er verglich die Makrosporen desshalb den Bulbillen von *Dentaria bulbifera* und *Arum ternatum* und schlug den Namen »Sporenknöllchen« für dieselben vor. Die Abbildungen, welche dieser treffliche Beobachter von dem Keimpflänzchen vor und nach Entwicklung der dichotomischen Sprosse gibt, sind übrigens ganz correct. Die sympodiale Ausbildung der Dichotomien, wie sie manchen *Lycopodiaceen* zukommt, und ebenso die scheinbar zweizeilige Blattstellung von *Selaginella* wird von Bischoff richtig gedeutet.

Wenn auch schon frühere Autoren die Geschlechtsdifferenz der grossen und kleinen Sporen von *Selaginella* gemuthmasst hatten, so versuchte meines Wissens doch zuerst Spring[1]) einen Beweis hierfür beizubringen. Er zeigte nämlich, dass aus den Makrosporen sich nur dann Pflänzchen entwickeln, wenn die Aussaat in der Nähe einer älteren Pflanze steht, von welcher aus kleine Sporen auf jene gelangen können. Dieser Forscher vermuthet, dass die grossen Sporen unter dem Einfluss von Feuchtigkeit und Wärme einen ersten Grad von Keimung erreichen und dann durch den Inhalt der sich durch Einwirkung der genannten äusseren Agentien öffnenden kleinen Sporen befruchtet werden. Weiteres über die Entwickelung der Keimpflänzchen ist in dem citirten Werke Springs, welches wesentlich systematische Zwecke verfolgt, nicht enthalten; übrigens finden sich in demselben schätzenswerthe Beiträge zur Kenntniss der Verzweigung und Blattstellung der *Selaginellen*[2]).

Nach C. Müller[3]) soll in der grossen Spore ohne Befruchtung ein Keimkörper entstehen und aus diesem nach zwei verschiedenen Seiten Stamm und Wurzel des Keimpflänzchens hervorsprossen. Dieser Keimkörper ist das die Sporen erfüllende Gewebe zusammen mit dem übrigens ganz lose in demselben steckenden Theil des Keimpflänzchens selbst.

---

1) Spring, Monographie de la famille des *Lycopodiacées* 1842—1849, p. 315 u. a.

2) Spring, L. c., p. 296 ff.

3) C. Müller, in Bot. Ztg. 1846, Nr. 45 ff.

Im Jahre 1849 veröffentlichte Hofmeister [1]) eine vorläufige Uebersicht der Resultate seiner Untersuchungen, welche in dem im Jahr 1851 erschienenen bahnbrechenden Werke, den »vergleichenden Untersuchungen der Keimung, Entfaltung und Fruchtbildung höherer Kryptogamen« niedergelegt sind. Inzwischen beschrieb Mettenius [2]) Keimung und Bildung des Embryos in den grossen Sporen von *Selaginella involvens*. Dieser Forscher hatte schon früher [3]) die Bildung eines Zellgewebes in den keimenden Sporen entdeckt, das in den reifen Sporen bereits vorhandene Prothallium finde ich aber erst in den citirten Beiträgen erwähnt, in welchen auch die Entstehung von Halszelle und Centralzelle des Archegoniums richtig dargestellt wird. Aus dem Keimbläschen sollen dann zwei oder drei grosse Zellen hervorgehen, welche den Embryoträger bilden, der durch Streckung und Vermehrung seiner Zellen in das in der Spore gebildete Gewebe eindringt. Der Embryo selbst soll jetzt noch fehlen; wie sich Mettenius dessen Entstehung vorstellt, bleibt mir aber unverständlich. Am Embryo selbst spricht dann Mettenius den dem Ansatzpunct am Träger gegenüberliegenden, aus weiten Zellen bestehenden Theil (es ist dieses der Fuss) als primäre Axe an, aus welcher nach unten die Nebenwurzel, nach oben das beblätterte Stengelende hervorwachse, eine Ansicht, die auch Hofmeister vertritt.

Das Keimbläschen, welches nach Hofmeister bei *Selaginella*, wie bei allen Gefässkryptogamen eine frei um den primären Kern der Centralzelle entstandene Zelle ist, wird nach der Befruchtung durch

1) Hofmeister, in Bot. Ztg. 1849, Nr. 45.

2) Mettenius, Beiträge zur Botanik Heft I, 1850, p. 7 ff. Mettenius schreibt »*Selaginella involvens (denticulata* der Gärten?)«; es dürfte hier aber *Selaginella Kraussiana* Kze. benutzt sein, da diese nach A. Braun im Heidelberger botanischen Garten mit *Sel. involvens* verwechselt wurde. Auch die von anderen Forschern benutzte *Sel. denticulata* ist wohl gewiss *Sel. Kraussiana*, die bis in die jüngsten Jahre unter jenem Namen cultivirt wurde. (Vgl. A. Braun in Monatsb. d. k. Akad. zu Berlin, April 1865, p. 196.)

3) Mettenius, Linnaea 1847, p. 270. Bischoff (l. c., p. 110) spricht zwar schon von blasigen Zellen als Inhalt der reifen Makrosporen, hält aber seinen Worten nach die Inhaltsmasse für solche. Möglich übrigens, dass er auch das Prothallium wirklich sah und mit jener verwechselte.

eine zur Axe des Archegoniums senkrecht gestellte Wand getheilt. »Es ist ein seltener Fall, dass unmittelbar aus der unteren beider Zellen der Embryo entsteht, dass alle ihre Tochterzellen Antheil nehmen an dem massigen Theile der ersten Axe desselben. Gewöhnlich geht deren Anlegung (durch Theilung der Endzelle des kurzen Vorkeims mittelst wechselnd geneigter Wände) voraus die noch ein- bis dreimalige Theilung der Endzelle des zweizelligen Vorkeims (Embryoträgers) durch Querwände [1]).« Durch die Dehnung der oberen Vorkeimzellen wird die Endzelle in das in der Spore entwickelte Gewebe gedrängt, und aus ihr geht in eben angedeuteter Weise die erste Axe des Embryos hervor. Die Zellenzahl dieser vermehrt sich schon nach kurzer Längsentwicklung nicht weiter, einer ihrer Seiten aber entsprosst eine Nebenaxe, welche, noch ehe sie das Prothallium durchbricht, zwei opponirte Blätter entwickelt, und bald nachdem diese hervorgetreten, gabelt sich auch die das Blattpaar überragende nackte Endknospe. Jetzt oder wenig später durchbricht die secundäre Axe das Prothallium und gleichzeitig beginnt die Weiterentwicklung der beiden Axen dritter Ordnung. An diesen erscheinen zuerst ein oder zwei isolirte Unterblätter, dann aber folgen, wie an erwachsenen Pflanzen, die je aus einem Ober- und Unterblatt bestehenden und miteinander alternirenden Blattpaare. Die erste Adventiv-Wurzel sprosst aus der Seite der primären Axe hervor, welche der Ursprungszelle des Sprosses zweiter Ordnung gegenüber liegt.

Die secundären und alle späteren vegetativen Axen wachsen mit einer zweischneidigen Scheitelzelle. Acht bis zehn Zellen unterhalb der Endknospe entstehen die beiden jüngsten Blätter, indem zwei opponirte Zellreihen, deren jede ein Viertel des Stengelumfangs einnimmt, durch abwärts geneigte Wände getheilt worden. Die Blätter wachsen dann mit einer marginalen Zellreihe weiter.

In den vergleichenden Untersuchungen [2]) schildert Hofmeister die Gabelung bei *Selaginella* folgendermassen: »Wenn das Stengelende sich zur Gabelung anschickt, so theilt sich die Scheitelzelle, anstatt durch eine der letztentstandenen Wand entgegengesetzt geneigte, durch eine

1) Hofmeister, Vergl. Unters., p. 124.

2) Hofmeister, ebenda, p. 115.

streng verticale. In beiden neu gebildeten Zellen wiederholt sich ein bis mehrere Male diese Theilung. In den beiden äussersten Zellen der so entstehenden, den Scheitel des Stengelendes krönenden Reihe von Zellen erfolgt eine Theilung durch eine von der Axe des Sprosses stark divergirende Wand. Die keilförmige der beiden neugebildeten Zellen wird sofort durch eine entgegengesetzt geneigte getheilt. Damit ist die Entwicklung zweier neuer Sprosse in der oben geschilderten Weise eingeleitet.«

Nach späterer Berichtigung [1]) treten beim Herannahen der Gabelung des Stengelendes in der Scheitelzelle auch zu den Hauptwänden senkrechte Theilungen auf, so dass eine Scheitelzelle von parallelogrammatischer Aussenfläche entsteht. Da an dem angegebenen Orte von der Entstehung der Scheitelzellen für die zwei neugebildeten Sprosse nicht die Rede ist, so vermag ich über die nunmehrige Ansicht Hofmeisters nichts zu sagen. Die englische Ausgabe der vergleichenden Untersuchungen, welche hier vielleicht Aufschluss geben kann, steht mir nicht zu Gebote.

Von Hofmeister [2]) wurde zuerst die Bildung der Spermatozoiden an den Mikrosporen von *Selaginella Helvetica* constatirt. Nach diesem beobachtete Roze [3]) die Spermatozoiden von *Selaginella caulescens*, *Martensi* und *Galeottii*, die er mit zwei Wimpern besetzt fand.

Eine ausführliche und treffliche Arbeit über die Keimung der kleinen Sporen von *Selaginella Kraussiana* lieferte in jüngster Zeit Millardet [4]). Dieser verfolgte nicht nur die Bildung der Spermatozoiden in allen Einzelheiten, sondern entdeckte auch, dass die reifen Sporen der genannten Art eine steril bleibende, von Cellulose umgrenzte, und eine Anzahl primordialer Zellen enthalten. Der nächste Abschnitt wird Veranlassung geben näher auf die Arbeit Millardet's einzugehen.

1) Hofmeister, Jahrb. f. wiss. Bot. III, p. 292.

2) Hofmeister, Vergl. Untersuch., p. 123.

3) Roze, Annal. d. scienc. naturell. V Sér., T. VII (1867), p. 97.

4) Millardet, Le prothallium mâle des Cryptogames vasculaires 1869, p. 24 ff.

Die Mikrosporen und die Bildung der Spermatozoiden.

I.

Lässt man Sporenstände von *Selaginellen* einige Tage auf Papier liegen, so fallen die reifen Sporen aus und sind auf diese Weise bequem in grösserer Menge zu sammeln[1]). Bei *Selaginella caulescens* Spring und *Martensii* Spring, auf welche die folgenden Untersuchungen sich beziehen, sind die ausgefallenen tetraedrischen Sporen gewöhnlich noch ihrer Entstehung zu vier in einer Mutterzelle entsprechend vereint. Die Ecken, mit welchen die vier Sporen zusammenstossen, werde ich als Scheitel, die drei daselbst zusammentreffenden Kanten als Scheitelkanten bezeichnen. Die einzelne Spore hat die Gestalt eines Tetraeders, dessen dem Scheitel gegenüberliegende Fläche — sie, heisse Basalfläche — halbkugelig hervorgewölbt ist; die drei Kanten, welche durch das Zusammentreffen der Basalfläche und der Scheitelflächen gebildet werden, sollen Ringkanten genannt werden. Diese Bezeichnungen schienen zur besseren Verständigung über die Lage der vegetativen Zelle und der Primordialzellen geboten.

Die äussere Sporenhaut besteht, wie auch die der Makrosporen, aus drei verschieden lichtbrechenden Schichten; auf der Basalfläche ist das Exospor mit ansehnlichen Papillen besetzt, auf den Scheitelflächen aber nur körnig. Das Endospor ist eine zarte, mit Chlorzinkjod sich bläuende Membran, welche frei in dem Exospor liegt oder unterhalb des Scheitels mit demselben lose zusammenhängt. Die Hauptaxe (die vom Scheitel zur Basalfläche gefällte Normale) der Sporen von *Selaginella caulescens* misst im Mittel 0,023 Millim.

Der Inhalt der Sporen besteht aus einer fettreichen Grundmasse mit eingebetteten Proteinkörnern (Aleuron), welche den in den grossen Sporen sich findenden ähnlich, aber viel kleiner sind. Wasserzutritt macht die Porteinkörner zerfliessen und mit der Grundmasse zu einer trüben Emulsion sich mengen, aus welcher bald grössere Oeltropfen zusammentreten.

---

1) Namentlich bei *Selaginella caulescens*, aber auch bei *Selag. Martensii*, fehlen nicht selten in einem Sporenstande Makrosporangien gänzlich. Da sie sich indess an anderen gleichalterigen Sporenständen desselben Exemplars finden, so kann hier nicht an eine Periodicität gedacht werden, wie sie *Salvinia natans* zeigt, die im Herbst endlich nur Mikrosporangien hervorbringt.

Während bei *Selaginella Kraussiana* die äusseren Schichten der Sporenhaut durch Rollen des Deckglases sich leicht entfernen lassen, gelingt dieses bei *Selaginella caulescens* und *Martensii* fast nie. Nun erkennt man zwar an manchen Sporen auch ohne Entfernung des Exospors Zellen im Innern, indess ist es nicht möglich über dieselben ins Klare zu kommen. Es gelang mir aber mittelst der von Pollender[1]) zuerst als Lösungsmittel für cuticularisirte Gebilde angewandten Chromsäure das Exospor zu entfernen, ohne die in der Spore vorhandenen Primordialzellen zu zerstören. Das gute Gelingen hängt freilich sehr von der Art der Behandlung ab, doch wird ein geübter Experimentator nach den folgenden Angaben keine Schwierigkeiten finden.

Eine bestimmte Concentration der Chromsäure-Lösung lässt sich nicht angeben, da die Temperatur den Verlauf der Reaction beeinflusst und die Quantität der angewandten Säure von wesentlicher Bedeutung ist. Ich brachte immer eine grössere Zahl, etwa 100 bis 200 Sporen, in einen Tropfen einer sehr mässig concentrirten Chromsäurelösung, welcher auf einen Objectträger gegeben war, und stellte diesen in den feuchten Raum. Die Chromsäure wird, während sie lösend wirkt, fortwährend reduzirt und wenn die richtige Menge zugegeben wurde, so ist gleichzeitig mit dem Auflösen des Exospors fast alle Säure in Chromoxyd verwandelt, dessen Ausscheidung durch Zusatz von ein wenig Schwefelsäure leicht verhindert wird. Die günstigsten Resultate erzielte ich dann, wenn die Säure so verdünnt war, dass deren Reduction und die Auflösung des Exospors an dem grössten Theil der in Arbeit genommenen Sporen nach 12 bis 16 Stunden eingetreten war. In dieser Weise ist es mir zuweilen gelungen bis zu 80 Procent der angewandten Sporen ohne Zerstörung der Primordial-Zellen von der äusseren Sporenhaut zu befreien.

Es scheint mir nicht ohne Interesse, die Einwirkung der Chromsäure, sowie diese sich gewöhnlich abwickelte, wenn ein günstiges Resultat mit den Sporen erzielt wurde, kurz zu beschreiben, da in diesen Angaben förderliche Winke zum Gelingen des Experimentes bei Nachuntersuchung liegen. Gewöhnlich nimmt das Exospor schon nach kürzerer Einwirkung der Chromsäure etwas an Volumen zu, nicht

1) Pollender, Bot. Ztg. 1862, p. 385.

selten ist dessen Aufquellen in tangentialer Richtung nach längerer Zeit ein bedeutendes, so dass ein grösserer mit Flüssigkeit sich anfüllender Raum zwischen äusserer und innerer Sporenhaut gebildet wird. Immer wird das Exospor viel durchscheinender und nach längerer Zeit reisst es sehr häufig an einzelnen oder an allen Scheitelkanten auf. Nun lösen sich auch gallertartig aufgequollene Massen von den Scheitelflächen ab, die endlich allem Anschein nach zum grössten Theil aufgelöst werden. Nicht selten schmelzen dabei die Scheitelflächen bis auf die Ringkanten ab, so dass das Endospor in der gewölbten Basalfläche wie in einem Napfe liegen bleibt. Dieser Napf wird bei gelungener Reaction gewöhnlich nicht mehr ganz aufgelöst, sondern nur in eine gallertartige, die ursprüngliche Form nur theilweise bewahrende Masse verwandelt. Trennten sich, wie es häufig geschieht, die zu Tetraden vereinigten Sporen nicht von einander, so findet man in einem gewissen Stadium oder auch als Endresultat der Einwirkung das Endospor in eine gallertartige Masse, die in Lösung begriffenen äusseren Sporenhäute eingebettet; es genügt dann aber in der Regel ein leichtes Verschieben des Deckglases, um jenes in Freiheit zu setzen. Nachzutragen habe ich noch, dass es vortheilhaft ist, die Flüssigkeit ein wenig auszuwaschen, ehe man zur Beobachtung schreitet.

In den ihres Exospors in angegebener Weise beraubten Sporen sind die Porteinkörner zwar verschwunden, Oeltropfen aber nicht zusammengeflossen. Die Proteinkörner vereinten sich nämlich mit der fettreichen Grundmasse zu einer trüben und körnigen Masse, in welcher der Augenschein den hohen Oelgehalt kaum vermuthen lässt. Dabei sind die Primordialzellen keineswegs contrahirt, von einander aber sehr scharf abgegrenzt; die schmalen aus homogener und sehr stark lichtbrechender mit Jod gelb werdender Substanz bestehenden Trennungsstreifen werden weiterhin als Primordialwände bezeichnet werden.

Die Scheitelkanten und Ringkanten sind an den ihres Exospors beraubten Sporen nur wenig markirt, doch erlaubt die Gestalt der Sporen immer noch eine sichere Orientirung über deren Lage. Gewöhnlich ruhen die Sporen auf ihrer Basalfläche, so dass also die Hauptaxe dem Tubus parallel steht und mit oft lästiger Beharrlichkeit suchen dieselben in der Regel in diese Lage zurückzukehren. Diese Scheitelansicht bietet aber auch den besten Ausgangspunkt für die Orientirung in der Gruppirung der Zellen, welche sich in den Sporenraum theilen.

An einer der Ecken, welche durch Zusammentreffen zweier Ringkanten und einer Scheitelkante gebildet werden, meist ein wenig seitlich von dieser, liegt eine kleine linsenförmige Zelle, die kleinste im Sporenraum, zugleich aber die einzige, welche von einer Cellulose-Membran abgegrenzt wird, die in die Endosporhaut übergeht und mit Chlorzinkjod leicht sich blau färbt. (**1**, 1—6 Wand a) [1]. Es ist dieses, wie die Bildung der Spermatozoiden lehrt, eine steril bleibende Zelle, ein rudimentäres männliches Prothallium, während der übrige Sporenraum, welcher die vegetative Zelle um mehr als das hundertfache dem Volumen nach übertrifft, das Antheridium repräsentirt. In diesem finden wir nun mit der sterilen Zelle und also auch mit der Hauptaxe der Spore parallel gestellt, zwei Primordial-Wände (**1**, 1 – 4, b u. c), deren eine (c) das Antheridium in zwei gewöhnlich ungleiche Hälften theilt, in eine grössere von der vegetativen Zelle fernere und in eine kleinere dieser nähere; in die letztere kleinere Hälfte kommt die andere der genannten Primordial-Wände (b) zu liegen.

In der Regel besteht die kleinere Hälfte des Antheridiums nur aus den beiden genannten Primordial-Zellen, während in der grösseren Hälfte mehrere, meist 4 oder 6 primordiale Zellen gefunden werden. Eine Primordial-Wand (d) halbirt wieder die grössere Hälfte; es ist jene parallel mit der Hauptaxe, aber senkrecht gegen die schon genannte Primordial-Wand (c) gestellt. Denken wir uns der Einfachheit halber die grössere Hälfte des Antheridiums, welche durch die mit c bezeichnete Primordial-Wand abgeschieden wird, zur Halbkugel abgerundet, so bestände dieselbe bei alleiniger Anwesenheit der oben genannten Primordial-Wand aus zwei kugelquadrantischen Zellen. Da ich nun in der That in seltenen Fällen keine weiteren Theilungen an freiwillig ausgefallenen Sporen fand (**1**, 4), so darf man auch wohl ohne Verfolg der Entwicklungs-Geschichte annehmen, dass die genannte, die grössere Hälfte halbirende Primordial-Wand früher als die übrigen, in der Regel neben ihr vorhandenen Theilungen auftritt.

Wie schon erwähnt findet man aber den schon mehrfach als grössere Hälfte bezeichneten Theil des Antheridiums gewöhnlich in 4 oder 6 Primordial-Zellen zerfallen. In ersterem Falle hatte eine der

---

1) Durch die fetteren Zahlen wird die Tafel, durch die schwächeren die Figur bezeichnet.

gekrümmten Fläche einer jeden der Kugelquadranten parallele Theilung stattgefunden (1, 1. bei e), welche je einen inneren kleineren Kugelquadranten ausschneidet. Die Lagerung der vier Primordial-Zellen wird am einfachsten verständlich, wenn man sich über eine kleinere halbkugelige Glocke eine andere grössere gestülpt und beide durch eine gemeinschaftliche Ebene median getheilt denkt. In Wirklichkeit sind nur die beiden inneren Kugelquadranten von ziemlich gleichförmig gekrümmten Flächen begrenzt, die Zellen aber, in welchen jene abgeschnitten wurden, sind entsprechend der tetraedrischen Gestalt der Spore von ungleich gekrümmten Flächen umgeben. Die gekrümmten Flächen (e) der kleinen Kugelquadranten treffen die mit c und d bezeichneten Primordial-Wände häufig nicht in ganz gleicher Entfernung von deren Schnittpuncten, dagegen fand ich jene beiden immer an der mit d bezeichneten Wand in gleicher Höhe ansetzen, so dass man aus diesen Bildern allein nicht würde sagen können, ob die grössere Hälfte des Antheridiums zunächst in Kugelquadranten zertheilt oder ob zuerst in derselben eine kleinere halbkugelige Zelle gebildet wurde.

Nach den beschriebenen Theilungen finden sich in der Spore 6 primordiale Zellen. Die verschiedenen Ansichten, welche man beim Drehen der Spore erhält, verstehen sich von selbst und brauchen hier nicht weiter erörtert zu werden.

In anderen Sporen findet sich die Zahl der Primordial-Zellen der grösseren Hälfte auf 6, im ganzen Antheridium also auf 8 vermehrt. Gewöhnlich waren neunzellige (incl. der sterilen Zelle) Sporen in grösserer Zahl vorhanden, sowohl bei *Selaginella Martensii* als *caulescens*, doch überwogen auch an den von einem anderen Exemplar letztgenannter Art geernteten Sporen die siebenzelligen.

Die weiteren Theilungen, durch welche die Zellenzahl in der grösseren Hälfte des Antheridiums auf 6 vermehrt wird, geschehen in den mantelförmigen Stücken, welche die inneren kleineren Kugelquadranten umgeben. Die Primordial-Wände (f in Fig. 4) beginnen an dem Umriss der schalenförmigen Stücke und sind convex gegen die inneren Kugelquadranten gekrümmt, die sie etwa in halber Höhe erreichen, auf zwei Seiten derselben herablaufen und auf der Wand endigen, welche die grössere und kleinere Hälfte des Antheridiums von einander trennt. Besser als Worte vermögen die Figuren 2 a und 2 b (auf Taf. 1) den Verlauf dieser Theilungswände zu versinnlichen; Fig. 2a stellt eine

Spore in einem senkrecht zur Hauptaxe derselben genommenen optischen Schnitt dar, in Fig. 2b liegt die mit c bezeichnete Wand in der Papierebene. In seltenen Fällen finden diese zuletzt beschriebenen Theilungen nur in einer Hälfte statt.

Primordial-Zellen, welche bei der Scheitelansicht in der Gesichtsfeldebene liegen würden, habe ich in keinem Falle constatiren können, dagegen finden sich zuweilen noch Theilungen in der die sterile Zelle nicht berührenden Primordial-Zelle der kleineren Hälfte des Antheridiums (der zwischen den Wänden b und c der Figuren liegenden). Diese zerfällt dann durch eine der Hauptaxe parallele Theilung, die in ihrer Verlängerung die sterile Zelle treffen würde, in zwei ungefähr gleiche Hälften (1, 3); in ganz seltenen Fällen fand ich die genannte Primordial-Zelle in 4 ziemlich gleich grosse Zellen zerfallen, durch 3 Theilungen, welche gleichsinnig mit der zuletzt beschriebenen gerichtet waren. Im höchsten Falle fanden sich also in einer Spore ausser der sterilen Zelle noch 11 primordiale Zellen [1]. — Ist man einmal mit der Lagerung der Zellen, unter welche der Sporenraum getheilt ist, vertraut, so gelingt es auch an manchen nur in Wasser liegenden Sporen von *Selaginella caulescens* oder *Martensii*, ohne Entfernung des Exospors die beschriebenen Zellen wieder zu erkennen.

Die sterilen und die primordialen Zellen wurden von Millardet [2]) an *Selaginella Kraussiana* Kze. entdeckt. Bei dieser Species ist die Zahl der Zellen in der Spore zwar auch gewöhnlich 7 oder 9, deren Lagerung aber eine andere und, wie ich aus eigener Anschauung bestätigen kann, von Millardet richtig dargestellt. Da bei dieser Art das Exospor durch leichtes Rollen unter dem Deckglase unschwer zu entfernen ist, die Sporen ausserdem merklich grösser sind, als bei den von mir benutzten Species, so ist die Untersuchung eine wesentlich

---

1) Die Lagerung der Primordial-Zellen bietet eine gewisse Aehnlichkeit mit einem Antheridium von Farnen, die habituelle Aehnlichkeit würde noch vollständiger sein, wenn in der grösseren Hälfte des Antheridiums die halbirende Wand (d der Figuren) fehlte. Vergl. Kny in Monatsb. d. k. Akad. d. Wiss. in Berlin, 1869, Mai und Strasburger in Jahrb. f. wiss. Bot. VII, p. 393.

2) Millardet, Le prothallium mâle etc. 1869 p. 26. — Die Arbeit Millardet's ist ohne Abbildungen, welche sich aber nach Zeichnungen dieses Forschers im Lehrbuch von Sachs, 2. Auflage, p. 381 finden.

leichtere. Die Lage der sterilen Zelle ist bei *Selaginella Kraussiana* ziemlich ähnlich wie bei *Selaginella caulescens*, die zuerst gebildete Primordialwand trifft aber bei jener die vegetative Zelle und ist mit der Hauptaxe der Spore parallel. Nun folgt eine gleichfalls die sterile Zelle schneidende und gegen die zuerst entstandene Wand senkrechte Theilung. Jetzt ruhen also zwei Primordial-Zellen auf der Basalfläche der Spore und diese theilen sich nicht mehr, während in den beiden unter dem Scheitel liegenden Primordial-Zellen ähnliche Theilungen stattfinden, wie ich sie für die grössere Hälfte des Antheridiums, nachdem dieselbe in zwei kugelquadrantische Zellen zerfiel, bei *Selag. caulescens* und *Martensii* beschrieben habe. Die Lagerung der Primordialzellen bei diesen Arten und bei *Selaginella Kraussiana* lässt sich übrigens durch ein Verlegen der sterilen Zelle nicht auf ein gleiches Schema zurückführen, wie ein Vergleich meiner Abbildungen mit denen Millardet's in dem Sachs'schen Lehrbuch leicht zeigen wird.

Die Succession der Primordial-Wände bei den von mir untersuchten Arten habe ich nicht, wie es Millardet bei *Selaginella Kraussiana* ausführte, durch Verfolg der Entwicklungsgeschichte festgestellt. So bleibt es namentlich fraglich, welche von den der vegetativen Zelle nächsten und mit derselben parallelen Primordial-Wänden zuerst, oder ob beide simultan gebildet werden, während der Befund an den reifen Sporen einen ziemlich sicheren Schluss auf die Aufeinanderfolge der übrigen Primordial-Wände gestattet. Die sterile Zelle wird aber bei den von mir untersuchten Arten, ebenso wie bei *Selaginella Kraussiana,* zuerst gebildet. In Sporen, welche noch nicht drei Viertel ihrer endlichen Grösse erreicht hatten, fand ich dieselbe bereits vor, doch noch nicht durch eine resistente Membran abgegrenzt, während in ihr, wie auch in dem Antheridium, ein deutlicher Zellkern lag. Bei reifen Sporen findet sich gleichfalls in der sterilen und ebenso in jeder primordialen Zelle ein Nucleus, der indess nach Behandlung mit Chromsäure in dem trüben Inhalt nicht immer deutlich hervortritt.

In den ihres Exospors mittelst Chromsäure beraubten Sporen von *Selaginella caulescens* und *Martensii* werden die Primordial-Zellen auf Zusatz von Alkohol ein wenig contrahirt, ihre Form bleibt aber, auch bei nachträglichem Zusatz von Wasser, erhalten, und erscheint jetzt der Inhalt, wenigstens wenn man absoluten Alkohol anwandte, viel weniger lichtbrechend, da die grosse Menge Fett herausgelöst wurde.

Jodlösung ertheilt dem Inhalt der Primordialzellen die gelbe bis gelbbraune Färbung der Proteinstoffe und wirkt ein wenig contrahirend. In Wasser und in Glycerin halten sich die Primordialzellen zuweilen einige Tage lang unverändert, werden aber endlich zerstört, während sich innerhalb der Spore ein Gemenge von Proteinstoffen und Oeltropfen sammelt. Durch einen vermittelst des Deckglases ausgeübten kräftigen Druck kann das Zusammenfliessen von Oeltropfen sogleich veranlasst werden; auch bei nicht gelungener Behandlung mit Chromsäure findet man den Sporeninhalt in gleicher Weise deformirt.

Die Bildung der Spermatozoiden studirte ich bei *Selaginella caulescens,* überzeugte mich aber auch, dass deren Entwicklung bei *Selaginella Martensii* völlig übereinstimmend ist. Die Entstehung der Mutterzellen fand ich bei den beiden genannten Arten ganz anders, als Millardet bei *Selaginella Kraussiana,* während meine Beobachtungen über die Bildung der Spermatozoiden innerhalb der Mutterzellen mit denen Millardet's übereinstimmen.

Die Sporen wurden auf ein Stück Torf ausgesäet und zwar so dicht, dass mit einer Nadelspitze gleichzeitig eine grössere Anzahl abgehoben werden konnte. Sechs Wochen nach der Aussaat schwärmten die ersten Spermatozoiden aus, aber nach weiteren vier Wochen fanden sich neben entleerten Sporen immer noch solche, in welchen die Mutterzellen kaum gebildet waren. Vielleicht hängt dieses theilweise mit der dichten Aussaat zusammen, indem hierdurch ein Theil der Sporen nicht mit dem Substrate in Berührung kam, Wasser also weniger leicht aufnehmen konnte.

Die ersten Veränderungen wurden an zahlreichen Sporen 14 Tage nach der Aussaat wahrgenommen. Die Proteinkörner, welche wie schon gesagt einer fettreichen Grundmasse eingebettet liegen, waren zum grösseren Theil verschwunden und hatten sich mit der Grundmasse zu einer trüben protoplasmatischen Masse vermengt. Ob dieses simultan in dem ganzen Antheridium geschieht, oder ob die Vereinigung im Centrum oder an der Peripherie desselben beginnt und nach Aussen oder Innen weiter fortschreitet, kann ich nicht sagen. Ohne Entfernung des Exospors ist nämlich eine sichere Beobachtung unmöglich, bei Anwendung von Chromsäure werden aber die Proteinkörner ohnehin deformirt und so blieb nichts anderes übrig, als die Sporen in Olivenöl zu zerdrücken und den austretenden Inhalt zu beobachten. Die Proteinkörner der reifen Sporen erhalten sich selbst mehrere Wochen lang in fettem Oel unverändert.

Was nun die Spermatozoid-Mutterzellen anbetrifft, so ist so viel gewiss, dass der Inhalt sämmtlicher Primordialzellen zu deren Bildung verwandt wird, ohne dass zuvor die Primordialwände resorbirt werden. Man sieht diese nämlich durch ihre viel bedeutendere Wandstärke auffallend scharf zwischen den Mutterzellen hervortreten, auch dann noch, wenn deren volle Zahl bereits gebildet wurde (**1**, 7). Diese Entwicklungsstufen lassen sich nach Entfernung des Exospors mit Hülfe der Chromsäure beobachten, da auch die Mutterzellen der Spermatozoiden, obgleich ihnen eine resistente Membran mangelt, bei vorsichtiger Behandlung nicht zerstört werden. Die Chromsäure muss jetzt viel verdünnter als für reife Sporen genommen werden und wirkt dessenungeachtet viel schneller ein, so dass meist schon nach zwei bis drei Stunden das Exospor entfernt ist.

Jedenfalls werden die Mutterzellen durch succedane Zertheilung der Primordialzellen gebildet; Theilungen, welche aber schnell auf einander folgen müssen, da sich die ersten Entwicklungsstadien nicht häufig finden. In manchen Fällen schienen die Theilungen in den beiden der sterilen Zelle nächstliegenden und den Primordialzellen der grösseren Antheridiumhälfte, welche die inneren Kugelquadranten umgeben, zugleich und zuerst zu beginnen (**1**, 5), in anderen Fällen indess dürften die Theilungen in den verschiedenen Primordialzellen simultan ihren Anfang genommen haben (**1**, 6). Diese und andere Einzelnheiten zu verfolgen gelang mir nicht, Präparate aber, welche zwischen der Vollzahl der Mutterzellen die Primordialwände sehr scharf erkennen liessen, habe ich sehr oft gesehen.

Bei *Selaginella Kraussiana* sammelt sich nach Millardet[1]) im Centrum der Spore eine protoplasmatische Masse, während innerhalb des Raumes, den dieselbe einnimmt, die Primordialwände resorbirt werden. Die Mutterzellen der Spermatozoiden gehen aus dieser Masse *(tissu spermatogène)* durch wiederholte Zweitheilung hervor, während welcher dieselbe an Volumen zunimmt und endlich das Antheridium bis auf eine geringe Menge einer schleimig-körnigen Flüssigkeit

1) Millardet l. c., p. 29.

ausfüllt. Die Primordialzellen werden in dem Maasse resorbirt, als die Urmutterzelle der Spermatozoiden sich vergrössert, dabei aber finden in jenen noch Andeutungen von Theilungen statt.

Man könnte wohl auf den Gedanken kommen, die von Millardet beschriebene Ansammlung einer protoplasmatischen Masse sei eine centrifugal fortschreitende Vermischung der Substanz der Proteinkörner mit der sehr fettreichen Grundmasse, welcher jene auch bei *Selaginella Kraussiana* eingebettet liegen. Dem widerspricht aber, dass allein die protoplasmatische Ansammlung, nicht die dieselbe umhüllende Masse einen grösseren Gehalt stickstoffhaltiger Substanz durch die Färbung mit Jodlösung verrieth.

Es würde also zwischen *Selaginella Kraussiana* einerseits und *Selaginella Martensii* und *caulescens* andererseits ein wesentlicher Unterschied bestehen. Bei jener Art bildet sich nach Millardet im Centrum der Spore die Urmutterzelle der Spermatozoiden und die in der reifen Mikrospore vorhandenen Primordialzellen werden resorbirt, während diese selbst bei den von mir untersuchten Arten die Urmutterzellen der Spermatozoiden vorstellen. Leider konnte ich mir nicht eine zu einer Aussaat genügende Menge kleiner Sporen von *Selaginella Kraussiana* verschaffen und so musste ich darauf Verzicht leisten, die erwähnte Differenz zu bestätigen oder aufzuklären.

In Betreff der Bildung der Spermatozoiden habe ich den Untersuchungen Millardet's nichts wesentliches hinzuzufügen. Die Mutterzellen der Spermatozoiden erfüllen das Antheridium vollständig bis auf eine sehr schmale, mit einer schleimigen Masse erfüllte Schicht, welche sich zwischen jenen und der Umfangshaut des Antheridiums, wie es scheint erst dann sammelt, wenn die volle Zahl der Mutterzellen entstanden ist. Diese enthalten einen deutlichen Zellkern und ausserdem ölreiches Protoplasma; eine resistente Membran ist, wie schon gesagt, zunächst nicht vorhanden (1, 8). Die nächste Veränderung ist das Verschwinden des Zellkerns und gleich nachher, oder auch kurz bevor dieses erreicht ist, erkennt man nach Zusatz von Jodlösung ein einzelnes oder einige sehr kleine Stärkekörnchen. Nun beginnen die Mutterzellen sich von einander zu trennen und gleichzeitig bemerkt man eine centrale Vacuole, welche von dichtem und körnigem Protoplasma umgeben wird (1, 9); auch umkleiden sich die Mutterzellen jetzt mit einer resistenten Membran, die ich mit Chlorzinkjod sich bläuen sah.

Während die centrale Vacuole sich vergrössert, wird das Wand-Protoplasma dichter und endlich bildet sich aus demselben das Spermatozoid, allem Anschein nach, indem das Protoplasma in entsprechender Weise zusammenwandert. Eine von vorn nach hinten fortschreitende Ausbildung des Spermatozoides habe ich nicht direct nachweisen können und auch Millardet scheint eine solche mehr nach Analogie sicher beobachteter Fälle anzunehmen; allerdings dürfte das hintere, nicht bewimperte Ende aus weicherer Substanz als das vordere bestehen.

Das Spermatozoid liegt also zwischen der Membran der Mutterzelle und der centralen mit einer protoplasmatischen Hülle umgebenen Vacuole. In dieser findet man einen sehr wässrigen Inhalt, einige mit Jod sich gelb färbende Klümpchen und oft die schon erwähnten Stärkekörnchen, welche in anderen Fällen auch dem hinteren Ende des Samenfadens anhaften können. Der Körper des Spermatozoides beschreibt eine steile Spirale von etwa 1¼ Windung (I, 14a); die zwei Wimpern, in welche das vordere Ende sich spaltet, scheinen nebeneinander zu verlaufen und flacher gewunden zu sein, doch bin ich hierüber, auch mit den stärksten Vergrösserungen (Gundlach VII und IX), nicht ganz ins Klare gekommen.

Das Exospor reisst erst dann in den drei Scheitelkanten auf, wenn die Bildung der Spermatozoiden bereits begonnen hat (1, 12). Das Endospor stülpt sich dabei merklich hervor und nun ist auch dessen Rauminhalt ausreichend, um den Mutterzellen der Spermatozoiden, welche zwar zuvor schon isolirt, aber durch gegenseitigen Druck noch etwas polygonal waren, völlige Abrundung zu gestatten. Der Durchmesser der Mutterzellen beträgt etwa 3,5 Mikromillimeter.

Reisst endlich auch das Endospor, so geschieht die Entleerung des Inhalts entweder in continuirlichem Strome oder stossweise (1, 13). Einige, zuweilen auch zahlreiche Spermatozoiden schiessen gleich frei davon, andere noch in den Mutterzellen eingeschlossene bleiben, mit diesen einer mitentleerten schleimigen Masse eingebettet, einen Augenblick im Wasser liegen. An diesen sieht man dann die Wimpern lebhaft flimmern, die Mutterzelle eiförmige oder linsenförmige Gestalt annehmen, endlich dieselbe sich auflösen, seltener nur zerreissen, während das Spermatozoid pfeilschnell davoneilt. Die Mutterzellen einer kleinen Anzahl von Spermatozoiden können auch noch vor dem Aufreissen der inneren Sporenhaut verflüssigt werden; wenigstens sah ich bestimmt innerhalb des hervorgestülpten Endospors freie und sich, wenn auch träger bewegende Spermatozoiden, die der schleimigen Masse eingebettet waren, welche auch die Hohlräume zwischen den Mutterzellen erfüllt. Damit steht auch im Einklang, dass bei der Entleerung immer einige, zuweilen aber auch sehr zahlreiche Spermatozoiden allem Anschein nach sofort frei hervorschiessen.

Sind die Spermatozoiden weggeschwommen, so findet man vor der entleerten Spore ausser der schon erwähnten schleimigen, ihrer Jodreaktion nach stickstoffreichen Masse, immer noch Oeltröpfchen und ferner zahlreiche kleine Bläschen, welche man sicher als die inneren Vacuolen der Spermatozoid-Mutterzellen erkennt. Die Stärkekörnchen, welche wir hier fanden, treffen wir nämlich gewöhnlich in den genannten Bläschen wieder, seltner haften die Stärkekörnchen an dem hinteren Ende der davoneilenden Spermatozoiden.

Die Spermatozoiden von *Selaginella caulescens* und *Martensii* finde ich denen von *Selaginella Kraussiana,* welche Millardet[1]) untersuchte, sehr ähnlich, doch sind dieselben bei den erstgenannten Arten ein wenig kleiner. Der Körper der Samenfäden ist fast gerade, nur sehr wenig spiralig gekrümmt und von sehr geringer Dicke. Von dem hinteren nach dem vorderen Ende verdünnt sich das Spermatozoid allmählich und gabelt sich an diesem in zwei sehr zarte Wimpern von ungefähr der anderthalbfachen Länge des Körpers (**1,** 14 b—d). Nicht selten haftet am hinteren Ende des Samenfadens, zuweilen auch an dessen Seite, die mehrfach genannte centrale Vacuole mit ihren Stärkekörnchen (14 c); vereinzelt wird auch die nicht aufgelöste Mutterzelle an dem hinteren Ende des Spermatozoiden gefunden, dessen Bewegungen in diesem Falle entschieden verlangsamt sind (Fig. 14 d). Die grosse Blase, welche Roze[2]) im Zusammenhang mit einem Samenfaden von *Selaginella Martensii* abbildet, ist eine mitgeschleppte Mutterzelle. Des genannten Autors unbegründete, auf alle pflanzliche Spermatozoiden ausgedehnte Hypothese, nach welcher diese nur Locomotionsorgane wären, der befruchtende Stoff, wahrscheinlich ein Kohlen-

1) Siehe die Abbildungen Millardet's im Lehrbuch von Sachs 2. Aufl., S. 381, Fig. 302.

2) Roze in Annal. d. scienc. naturell. 1867, Fig. 21 auf Taf. 7.

hydrat, aber in den anhängenden Bläschen enthalten sein würde, bedarf übrigens keiner Widerlegung, da bei den *Charen* und zahlreichen *Leber-* und *Laubmoosen* solche Bläschen immer fehlen. Nach Roze sollen bei *Selaginella* die Wimpern am dickeren Ende des Spermatozoiden entspringen, was indess entschieden unrichtig ist. — Bei der sehr lebhaften Bewegung schiessen die Spermatozoiden, wie schon Roze und Millardet bemerkten, gleichsam hüpfend hin und her.

Nach Millardet sind als die vollständigst entwickelten Spermatozoiden bei derselben Pflanze diejenigen anzusehen, bei welchen sich keine anhängenden Bläschen finden, das Anhaften dieser an dem hinteren Ende der Samenfäden würde mit der von vorn nach hinten fortschreitenden Bildung zusammenhängen; ich muss hier auf die bezüglichen Erörterungen Millardet's verweisen.[1]) Auch unterlasse ich die Darlegung der Ansichten früherer Autoren über die Bildung der Spermatozoiden, da die wesentlichen wenigstens in Millardet's Schrift zu finden sind.

Die sterile Zelle, in welcher, wie schon gesagt, keine Spermatozoiden gebildet werden, findet sich auch nach Entleerung dieser unverändert in der Spore vor. Ein einzigesmal fand ich in einer Spore, deren Spermatozoid-Mutterzellen sich bereits von einander getrennt hatten, zwei vegetative Zellen (**1**, 11). Es hatte sich nämlich die der sterilen Zelle nächste Primordial-Zelle durch eine Cellulosemembran gegen das Antheridium abgegrenzt, ihr Inhalt aber erschien nach Entfernung des Exospors durch Chromsäure gerade so, wie der der Primordialzellen reifer Sporen nach gleicher Behandlung.

Die sterilen Zellen, welche sich in den reifen Microsporen von *Selaginella* finden, in denen von *Isoetes*[2]) erst nach der Aussaat bilden, sind mit Millardet unbedingt als ein rudimentäres männliches Prothallium anzusprechen, welches bei beiden genannten Pflanzen völlig endogen ist. Die physiologische Bedeutung der sterilen Zelle von *Selaginella* und *Isoetes* ist wohl als Null anzusehen, jene ist aber auch für die Schläuche, welche die innerhalb des Sporangiums keimenden Sporen von *Salvinia* nach Aussen treiben und ebenso für die chloro-

1) Millardet, a. a. O. S. 40.

2) Millardet, a. a. O. S. 10 ff.

phyll-freien Prothallien der *Ophioglosseen* eine viel beschränktere, als für die oft so mächtig entwickelten und assimilirenden Prothallien der *Farnkräuter.*[1]) Vom morphologischen Gesichtspunkt aus ist aber die sterile Zelle von *Selaginella* und *Isoetes* als Analogon hoch organisirter Prothallien aufzufassen, denn auch unter diesen finden wir in *Equisetum* eine Pflanze, bei welcher die Prothallien geschlechtlich different sind; andrerseits aber bilden die von den kleinen Sporen der *Salvinia* entwickelten Schläuche die nächste Brücke zu mehrzelligen Prothallien. Es entspricht also nicht die ganze Mikrospore von *Selaginella*, sondern, wie wir gesehen haben, nur der vom Endospor und der Innenwand der sterilen Zelle umgrenzte Raum einem Antheridium.

Auch in den Pollenkörnern der *Coniferen* findet sich noch ein männliches Prothallium und das von *Thuja*, *Taxus* und *Cupressus*[2]) hat selbst habituelle Aehnlichkeit mit dem der Mikrospore von *Selaginella*, während die andere dem Antheridium entsprechende grössere Zelle zum Pollenschlauche auswächst.

Die Weiterentwicklung der reifen grossen Sporen von Selaginella Martensii bis zur Befruchtung.

Die grossen Sporen von *Selaginella Martensii* entstehen in der Regel zu vieren in einem Sporangium, drei, die sich nach Spring[3]) gewöhnlich finden sollen, fand ich nur ausnahmsweise vor. Nicht selten sind ein oder zwei Sporen eines Sporangiums auffallend kleiner als die übrigen und in Folge abnormer Ausbildung einer weiteren

---

1) Die Prothallien dieser können, wie schon Nägeli (Zeitschr. für wissenschaftl. Botan. I, Taf. 4. Fig 12) und Schacht (Linnaea 1849, Taf. 5. Fig. 1 und 2) fanden, zuweilen sehr wenigzellig sein. Wenn man am Licht eben zum Keimen gebrachte Sporen von *Allosurus sagittatus* ins Finstere bringt, so bleibt nach Borodin (Mélang. biol. tirés du Bull. d. l'Acad. imp. d. sc. d. St. Petersbourg, T. 6. 1867, p. 538 und Fig. 2) nur eine Zelle steril, während sich an diesem rudimentären Prothallium ein bis drei Antheridien bilden.

2) Schacht, Jahrb. für wiss. Bot. II, Taf. 17.

3) Spring, Monographie d. l. famille d. Lycopodiacées S. 130.

Entwicklung nicht fähig. Die Gestalt der Sporen ist tetraedrisch; die Basalfläche ist meist mehr als halbkugelig hervorgewölbt. Das Exospor wird aus drei verschieden lichtbrechenden Schichten zusammengesetzt, deren innerste mit dem Endospor meist an zahlreichen Stellen ziemlich fest zusammenhängt und beim Herauspräpariren dieses gewöhnlich zugleich erhalten wird, da die genannte Schicht sich leicht von der äusseren Sporenhaut loslöst.[1]) Während die innere Sporenhaut eine weisse, mit Chlorzinkjod leicht blau werdende Membran ist, stellt die losgelöste innerste Schicht des Exospors eine derbe, gelbbräunliche Haut dar, welche mit dem vorgenannten Reagens sich noch dunkler färbt.

Unterhalb des Sporenscheitels findet sich, der Innenfläche des Endospors anliegend, ein Zellgewebe von meniskenförmiger Gestalt, das hier vollständig endogen entstandene Prothallium.[2]) Dieses besteht in der Mitte bei unserer Art meist aus drei übereinander gestellten Zellen, seitlich sinkt dessen Zellenzahl auf zwei und mit oder auch unmittelbar vor den keilförmig auslaufenden Randzellen auf eins herab. Die dem Sporenraum angrenzenden Zellwände sind ein wenig verdickt und schliessen gleichsam zu einem Diaphragma zusammen.

Ueber die Entstehung dieses Prothalliums blieb Hofmeister[3]) im Unklaren, und die merkwürdige Ansicht von Mettenius[4]), dass das Prothallium zwischen der auseinander weichenden Endospor-Haut sich bilde, war durch keine eigentlichen Beweise gestützt, und ist durch die Bemerkungen Hofmeister's hinlänglich widerlegt. Der Verfolg der Entwicklung dieses Prothalliums ist jedenfalls mit Schwierigkeiten verknüpft, und bei einer, freilich mehr beiläufigen Untersuchung, kam ich nicht zu einem abschliessenden Resultate. Bei *Selaginella lepidophylla Hort. (pilifera A. Br.)* findet man, wenn die Sporen kaum ein Viertel ihrer endlichen Grösse erreicht haben, der inneren Sporenhaut eine sehr dicke Schicht von Protoplasma aufgelagert, die einen inneren

1) Es wird dieses schon von Palisot de Beauvois bemerkt in d. nouvelles observations sur la fructification des Mousses et des Lycopodiacées 1811.

2) Taf. 1, Fig. 15 stellt einen schon weiter entwickelten Zustand desselben dar.

3) Hofmeister, Vgl. Untersuchungen S. 122.

4) Mettenius, Beiträge zur Botanik 1850, S. 9.

wasserhellen Inhalt umschliesst, in welchem ein grosser Zellkern liegt. Unterhalb des Scheitels der Spore, dem Wand-Protoplasma angelagert, jedoch nicht recht scharf von demselben abgegrenzt, sammelt sich nun eine meniskenförmige Schicht Protoplasma, welche das Licht allem Anschein nach schwächer als jenes bricht. Etwas weiter entwickelte Sporen konnte ich an dem mir zu Gebote stehenden Material nicht finden, da indess bei noch nicht völlig ausgewachsenen Sporen das Prothallium zwar schon vielzellig ist, die volle Zellenzahl des Reifezustandes aber erst durch wiederholte Theilungen in tangentialer und radialer Richtung erreicht wird, so ist es mir, zusammengehalten mit dem beschriebenen jugendlichsten Entwicklungsstadium wahrscheinlich, dass das Prothallium ähnlich wie bei *Marsilia*[1]) durch wiederholte Zertheilung einer Protoplasmamasse entsteht.

Die Zellen des Prothalliums, wie auch der übrige Sporenraum, sind von unregelmässig polygonalen Protein-Körnern (Aleuron), welche einer sehr fettreichen Grundmasse eingebettet sind, erfüllt. Einen Zellkern fand ich nur in den Zellen des Prothalliums, doch mag ich einen solchen in dem so trüben Inhalt des übrigen Sporenraumes leicht übersehen haben. Da die Proteinkörner in Wasser sehr leicht zerfliessen, während aus der Grundmasse Oeltropfen zusammenlaufen, so muss man, will man den Inhalt der Sporen unverändert sehen, Schnitte direct in Olivenöl legen. Nimmt man statt dieses absoluten Alkohol, so wird die Grundmasse mit Zurücklassung geringer Mengen dem Fett beigemengter eiweissartiger Stoffe aufgelöst, die Proteinkörner bleiben aber unverändert, und können nun mit entsprechenden Reagentien als Eiweissstoffe erkannt werden.[2])

Innerhalb der schon erwähnten abnorm ausgebildeten, einer weiteren Entwicklung nicht fähigen Sporen findet sich eine hohlkugelige Masse, die das viel grössere Exospor bei weitem nicht ausfüllt, und mit diesem unterhalb des Scheitels ziemlich fest zusammenhängt. Zu äusserst wird diese Hohlkugel allem Anschein nach von der innersten Exosporschicht umhüllt, dann folgt eine zarte Membran, welche mit Chlorzinkjod blau wird und die innere Sporenhaut sein dürfte. Diese ist aber nur an sehr feinen Schnitten wahrzunehmen, da sie mit einer

---

1) Hanstein, in den Jahrb. für wiss. Bot. IV, S. 214.

2) Ausführliche Untersuchungen über die Proteinkörner werde ich demnächst veröffentlichen.

dicken Kugelschale einer festen Masse gleichsam verschmolzen ist, welche ganz den Eindruck macht, als ob das Wand-Protoplasma, welches man in noch sehr jungen Sporen, wie angegeben, findet, erhärtet wäre; im Uebrigen enthalten die ausgefallenen Sporen Luft. Ob meine Deutung richtig ist, wage ich ohne Entwicklungsgeschichte nicht zu behaupten, es schien mir indess nicht ganz uninteressant, auf diese missbildeten Sporen aufmerksam zu machen, da Angaben von Mettenius[1]) hierdurch wohl aufgeklärt werden dürften. Nach diesen soll sich nämlich an den in Entwicklung begriffenen Sporen eine dunkle Kugel finden, die sich allmählich ausdehnend das Exospor endlich ganz ausfüllt. Dass Mettenius abnorm entwickelte Sporen vorlagen, ist mir besonders desshalb wahrscheinlich, weil die Umhüllung der dunkeln Kugel von der innersten Exosporschicht und dem Endospor gebildet sein soll.

Sechs bis sieben Wochen nach der Aussaat reissen die grossen Sporen längs der Scheitelkanten auf und das Prothallium wölbt sich merklich hervor (**1**, 16). Die Volumen-Zunahme des vom Endospor umschlossenen Raumes ist offenbar eine wesentliche Ursache des Aufspringens der äusseren Sporenhaut. Noch ehe dieses geschieht, hat das Prothallium seine Zellenzahl durch radiale und tangentiale Theilungen vermehrt und die Bildung einiger Archegonien begonnen; ausserdem hob aber auch im übrigen Sporenraum eine Neubildung von Zellen an, welche wir zunächst betrachten wollen (**1**, 15).

Etwa 14 Tage vor dem Aufspringen der Sporen findet man einen Theil der Proteinkörner mit der fettreichen Grundmasse zu einem trüben Protoplasma gemengt, in welchem die übrigen noch geformten Proteinkörner vertheilt sind. In dieser Inhaltsmasse, und zwar zuerst unter dem das Prothallium abgrenzenden Diaphragma, bilden sich nun sphärische Ballen, welche in Wasser sofort deformirt werden. Desshalb wird es nothwendig, die Schnitte, welche übrigens zur sicheren Beobachtung jedenfalls recht fein sein müssen, in concentrirtes Glycerin, oder, da auch durch dieses nach einiger Zeit die Ballen zerstört werden, am besten in fettes Oel zu legen. Während die Formirung der sphärischen Ballen fortschreitet, umkleiden sich die zuerst gebildeten mit einer Cellulosemembran, die sofort mit dem Diaphragma in Continuität tritt (**1**, 15); wenigstens habe ich nie diese erst gebildeten Zellen

1) Mettenius, Beiträge zur Botanik 1850. S. 7.

mit Wasser wegspülen können, wenn auch einigemal deren Trennung vom Diaphragma durch Druck auf das Deckglas gelang. Von den später mit resistenter Membran umkleideten Zellen fand ich mehrmals allseitig frei liegende, meist treten freilich auch diese untereinander sofort in Verband. Liegen die Schnitte in fettem Oel, so ist es gewöhnlich nicht möglich zu entscheiden, wo die Umkleidung der sphärischen Ballen mit fester Membran ihr Ende findet und man muss, um ein Urtheil zu gewinnen, die Objecte mit Wasser abspülen, oder am besten zuerst mit Alkohol, dann mit Wasser behandeln. Die sphärischen Massen sind also frei gebildete Primordialzellen, von denen ich, da die so ungemein trübe Inhaltsmasse eine klare Beobachtung verhindert, nicht bestimmt sagen kann, ob sie einen Zellkern besitzen, wenn mir auch dessen Existenz mehr als wahrscheinlich ist.

Zuerst erscheint eine über das ganze Diaphragma gelagerte Zellschicht, und von dieser aus rückt die Neubildung der primordialen Zellen sowohl, als auch deren Umkleidung mit fester Membran, in manchen Fällen an allen Punkten mit gleicher Geschwindigkeit nach der Basis der Sporen hin, so dass vor der völligen Ausfüllung dieser ein linsenförmiger Raum im Sporengrund allein frei von Zellen ist. In andern Fällen werden die Zellen längs der Fläche des Endospors schneller gebildet und schliessen im Sporengrund zusammen, ehe die im Innern der Spore, in Richtung der Hauptaxe fortrückende Zellenbildung bis hierher gelangt, so dass man dann einen, gewöhnlich nur durch eine Zelllage vom Endospor getrennten zellleeren Raum findet. Die erste Bildung des Endosperm — so werde ich das fragliche Gewebe bezeichnen — geschieht ziemlich eiligen Schrittes, so dass beim Aufreissen des Exospors gewöhnlich schon die Hälfte des Sporenraumes unterhalb des Diaphragmas mit Zellgewebe erfüllt ist; die endliche vollständige Ausfüllung der Spore lässt aber länger auf sich warten (V, 5) und sehr gewöhnlich findet man Embryonen bereits in das Endosperm eingedrungen, wenn im Sporengrund ein dem Endospor unmittelbar angrenzender oder von demselben durch eine Zellage getrennter Raum noch frei von Gewebe ist. Ja in manchen Fällen dürfte bestimmt die gänzliche Ausfüllung der Spore unterbleiben, da ich diese einigemal noch nicht vollendet fand, als die hervorgebrochenen Embryonen bereits die Keimblätter entfaltet hatten. Da die dem Diaphragma benachbarten Zellen noch Theilungen erfahren, welche in den Zellen des Sporengrundes ganz unterbleiben oder auf ein Minimum beschränkt sind, so nehmen die Zellen des Endosperms nach der Basis der Spore hin an Grösse zu (5, 5). Bei *Selaginella denticulata Spring*[1]) wird die völlige Ausfüllung der Spore durch Endosperm nach Hofmeister wesentlich später als bei *Selaginella Martensii* erreicht.[2])

Mettenius spricht sich über die Bildungsart des Endosperms nicht bestimmt aus und auch Hofmeister äussert in den vergleichenden Untersuchungen keine bestimmte Meinung, während dieser Forscher in der Pflanzenzelle,[3]) wohl nach späteren Untersuchungen, das Endosperm durch freie Zellbildung entstehen lässt.

Das in den keimenden Sporen von *Selaginella* neugebildete Gewebe nannte ich Endosperm, da ich dasselbe als das Aequivalent des Endosperms der Angiospermen ansehen muss. Dieses entsteht immer nach Bildung der Keimkörperchen, soweit bekannt freilich auch nach der Befruchtung, während das Prothallium eben dadurch charakterisirt ist, dass in ihm die Archegonien, die Analoga der Keimkörperchen, gebildet werden. Demnach fehlt den Angiospermen ein ausgebildetes Prothallium, als dessen rudimentäres Aequivalent, wie es Sachs[5]) schon aussprach, die Gegenfüssler der Keimkörperchen angesehen werden können; wir haben hier folglich einen gleichen Fall wie mit der Kanalzelle, dass ein überflüssig gewordenes Gebilde ganz oder theilweise übersprungen wird. Allen Gefässkryptogamen, mit Ausnahme von *Selaginella*, geht aber eine dem Endosperm vergleichbare Zellbildung ab, denn auch das die grossen Sporen von *Isoetes* erfüllende und in einem ununterbrochenen Bildungsact entstehende Gewebe ist eben, weil es Archegonien bildet, ein Prothallium. Dieses entsteht aber bei *Selaginella* schon, während die Sporen in Verbindung mit der Mutterpflanze reifen, und nicht nur hierdurch ist eine Annährung an die Phanerogamen ausgesprochen, sondern auch durch das nie Archegonien producirende Endosperm, dessen von dem Prothallium unabhängige Bildung an den keimenden Sporen gleichzeitig mit den ersten zu den Arche-

1) Diese dürfte indess, wie schon bemerkt, *Selaginella Kraussiana* sein.

2) Hofmeister, Vergleichende Untersuchungen S. 124.

3) Hofmeister, Die Lehre von der Pflanzenzelle 1867, S. 129.

4) Sachs, Lehrb. 2. Aufl. S. 398 Anmerk. 2 und S. 477.

gonien führenden Theilungsschritten anhebt. Die Entwicklung des Endosperms beginnt bei *Selaginella* zwar schon vor, bei den Phanerogamen erst nach der Befruchtung, indess kann ich auf diese Differenz kein zu hohes Gewicht legen, da möglicher Weise auch noch Phanerogamen gefunden werden, deren Endospermbildung schon vor der Befruchtung ihren Anfang nimmt. Die physiologische Bedeutung des Endosperms sowohl, wie des Prothalliums ist dieselbe, nämlich dem Embryo Nährstoffe zuzuführen. Die den Embryosack der Coniferen erfüllenden Zellen sind, weil aus ihnen die Corpuscula (Archegonien) hervorgehen, nicht das morphologische und physiologische Aequivalent des Endosperms, sondern des Prothalliums; das im Embryosack der Coniferen mit zweijähriger Samenreife zuerst entstandene Füllgewebe stimmt weder mit dem Endosperm, noch mit dem Prothallium überein, ist vielmehr ein zwischen beiden neutral stehendes Gebilde, denn nicht in ihm, sondern aus dem nach seiner Resorption neugebildeten Gewebe, dem Prothallium, nehmen die Corpuscula ihren Ursprung.

Das Diaphragma, durch welches Prothallium und Endosperm bei *Selaginella Martensii* geschieden werden, ist, wie es schon Hofmeister bemerkt, gegenüber den gewöhnlichen Zellwänden dieser Gewebe zwar merklich verdickt, indess ungleich weniger, als bei *Selaginella denticulata*. Die grossen Poren, welche am Diaphragma dieser Art auffallen,[1]) kann man an sehr feinen Schnitten, natürlich viel weniger deutlich, auch bei *Selaginella Martensii* finden.

Etwa gleichzeitig mit Beginn der Entwicklung des Endosperms finden in dem Prothallium die ersten weiteren tangentialen und radialen Theilungen statt, durch welche dasselbe in seiner Mitte gewöhnlich sechs bis siebenschichtig wird, während gegen den immer mit einer keilförmigen Zelle endenden Rand hin die Zahl der Zelllagen sich allmählich vermindert. In keinem Falle habe ich, in der Mitte des Prothalliums wenigstens, die Archegonien nur durch eine Zellenlage von dem Diaphragma getrennt gefunden, wie es Hofmeister[2]) auch

---

1) Hofmeister, Vgl. Unters. Taf. **26** Fig. 12. 13 u. a. — Mettenius, Beiträge 1850, Taf. **1** Fig. 6 und 7 Abbildungen von *Selaginella involvens*, die indess, wie schon bemerkt wurde, gleichfalls auf *Selaginella Kraussiana* zu beziehen sein dürften.

2) Hofmeister, Vergleichende Untersuchungen Taf. **26** Fig. 7.

von *Selaginella Martensii* abbildet; doch mögen bei den zahlreichen Abarten dieser Species wohl Variationen vorkommen.

Die Archegonien entstehen aus einer der freien Aussenfläche des Prothalliums angrenzenden Zelle, die zuerst durch eine tangential gestellte Wand in zwei ungefähr gleich grosse Zellen zerfällt, deren innere zur Centralzelle wird, während aus den äusseren die Halszellen hervorgehen (**2**, 1; **1**, 15). Dieselbe Theilung erfahren übrigens gewöhnlich alle der freien Aussenfläche angrenzenden Zellen und da die Archegonien erst späterhin durch Inhalt und Form kenntlich werden, so kann man jetzt einer zweigetheilten Zelle nicht ansehen, ob sie ein Archegonium bilden wird oder nicht. Werden die Archegonien durch Form und Inhalt kenntlich, so findet man natürlich dieselben in der Regel zwei, selten nur einer Zellhöhe entsprechend (**1**, 15; **2**, 1—5).

In der zum Hals bestimmten Zelle folgen nun zwei kreuzweise gestellte und der Archegoniumaxe parallele Theilungen schnell aufeinander[1]), und bald darauf wird eine jede der vier säulenförmigen Zellen in eine obere und untere, deren letztere in der Regel kleiner ist, zerlegt (**2**, 2). Die Wand, durch welche dieses geschieht, trifft die Schnittlinie der Kreuztheilung gewöhnlich in einem nach der Centralzelle zu etwas stumpfen Winkel.

Die Bildung der Halszellen, deren Zellenzahl normalerweise auf acht beschränkt ist, wurde schon von Mettenius[2]) und Hofmeister[3]) übereinstimmend mit meinen Beobachtungen dargestellt. Nach Hofmeister entsteht nun bei *Selaginella,* wie überhaupt bei allen Gefäss-Kryptogamen, frei um den primären Kern der Centralzelle die Mutterzelle des Embryos. Dagegen finde ich ganz analog, wie es Pringsheim[4]) zuerst von *Salvinia* kennen lehrte, den Inhalt der

1) Diese beiden Wände sind weder gegen den Scheitel des Prothalliums, noch gegen einen andern Punct bestimmt orientirt (**2**, 6). Bei Farnkräutern haben die ersten Theilungswände der Halszelle des Archegoniums eine bestimmte Richtung, allein dem Prothallium derselben kommt auch eine bestimmte Wachsthumsrichtung zu, und die Orientierung der fraglichen Theilungen erscheint eben von dieser abhängig. (Vgl. Strasburger, Jahrbücher für wissensch. Botanik VII S. 397.)

2) Mettenius, Beiträge S. 11.

3) Hofmeister, Vgl. Unters. S. 123.

4) Pringsheim, zur Morphologie der *Salvinia natans* in d. Jahrb. für wissensch. Botanik III p. 521. — Die Kanalzelle wurde ferner bei ***Marsilia*** von

Centralzelle in Kanalzelle und Befruchtungskugel zerfallen. Schon während der Kreuztheilung der Halszellen sammelte sich in der Centralzelle ein viel dichteres und trüberes Protoplasma, als es die umgebenden Zellen darbieten. Unmittelbar nachdem die Vollzahl der Halszellen erreicht ist, liegt in der Centralzelle ein sich bald verdoppelnder Zellkern, und sehr wenig später hat sich um den unterhalb der Halszellen liegenden Kern eine fast halbkugelig in die Centralzelle vorspringende Zelle gebildet (2, 2). Diese ist die Kanalzelle; der übrige grössere Theil des Inhalts der Centralzelle bildet die Befruchtungskugel. Beide sind zwar durch eine sehr scharfe Linie von einander geschieden, aber nicht durch eine resistente Membran getrennt, denn verdünnte Kalilauge macht deren Inhalt nach einiger Zeit zusammenfliessen.

Die Halszellen weichen nun allmählich an ihrer axilen Berührungskante auseinander, der Inhalt der Centralzelle aber drängt sich in den gebildeten Intercellularraum (2, 3) und ist unmittelbar vor der Entleerung nur durch die ziemlich derbe Endospor-Haut von der Aussenwelt abgeschlossen. Mittlerweile hat sich die freie Aussenfläche des Archegoniums als sanfter Hügel über das Prothallium hervorgewölbt, was von einem Horizontalwerden der tangential gestellten, abwärts geneigten Theilungswände des Halses begleitet ist (2, 2—5). Eine dem Fadenapparat gewisser Phanerogamen ähnliche Streifung, wie sie Pringsheim bei *Salvinia* fand, konnte ich bei *Selaginella* nicht bemerken; dagegen sah ich wie bei jener, wiederholte Male an durch den Schnitt verletzten Archegonien den Inhalt der Centralzelle in zwei Partieen gesondert, deren eine grössere in dem Halskanal lag, während zwischen dieser und der Befruchtungskugel ein Ballen sich fand, der wohl, wie es Pringsheim vermuthet, der deformirte Zellkern der Kanalzelle sein mag (2, 4).

Nach dem Oeffnen der Archegonien füllt die nackte, meist völlig abgerundete Befruchtungskugel die Centralzelle beinahe vollkommen aus. Innerhalb derselben ist ein Zellkern deutlich nachzuweisen, unter der Mündung des Halskanals aber findet man an gelungenen Präpa-

Hanstein (Jahrb. für wissensch. Botanik IV, S. 217) und bei Farnkräutern und Moosen von Strasburger (Jahrb. für wissensch. Botanik VII S. 397 u. 416) nachgewiesen. Für Farnkräuter und Moose wurde die Kanalzelle auch von Sachs erkannt (Lehrb. der Botanik, 1. Aufl. S. 278, 296 und 314).

raten eine kleine farblose, unbestimmt abgegrenzte Stelle, den Empfängnissfleck Strasburger's[1]), den Keimfleck Pringsheims (2, 5).[2]) Die Befruchtungskugel ist entweder völlig kugelig, oder ihr zur Axe des Archegoniums senkrechter Querschnitt ein wenig elliptisch. Die grösste und kleinste Axe der Ellipse sind dann, wie man sich an den zur Prothalliumfläche senkrechten Ansichten überzeugen kann, beliebig gestellt, nicht gleichsinnig orientirt, wie es bei *Salvinia*[3]) der Fall ist, bei welcher Pflanze freilich auch am Prothallium ein Vorn und Hinten ausgebildet ist.

Das Oeffnen der Archegonien und das Eindringen der Spermatozoiden geschieht bei *Selaginella* in ganz ähnlicher Weise, wie es für Farnkräuter und *Marchantia*[4]) von Strasburger beschrieben wurde; indess ist es mir nicht gelungen die Samenfäden bis zu ihrem Eintritt in die Befruchtungskugel zu verfolgen und dürfte dieses auch bei unserem Objecte kaum möglich sein. Denn da die Archegonien dem Prothallium eingesenkt sind, so müsste man jedenfalls dünne Schnitte aus der Spore zur Beobachtung wählen, des massenhaft aus den Zellinhalten zusammenfliessenden Oeles halber würde man aber kaum zu einem sicheren Resultate gelangen, da noch dazu die sehr geringe Grösse der Spermatozoiden ein wesentliches Hinderniss darbietet.

Bringt man Sporen mit dem Aufspringen nahen Archegonien in Wasser, so kann man das Oeffnen eines, oder auch gleichzeitig mehrerer Archegonien und das Eindringen der Spermatozoiden unschwer beobachten, wenn man für deren Anwesenheit in der Beobachtungsflüssigkeit Sorge getragen hat.[5]) Ein Theil des Inhalts der Kanalzelle

---

1) Strasburger, Jahrb. für wiss. Bot. VII S. 401.

2) Pringsheim, über Paarung von Schwärmsporen, in den Monatsb. der Akad. zu Berlin 1869, October S. 16 des Sonderabdrucks.

3) Pringsheim, Jahrb. für wiss. Bot. III S. 515.

4) Strasburger, Jahrb. für wiss. Bot. VII S. 409.

5) Nach Hofmeister (vgl. Unters. S. 123) soll die Ausbildung der Samenfäden in den Mikrosporen um vieles früher, als die volle Ausbildung des Prothalliums in den gleichzeitig ausgesäeten Makrosporen vollendet sein, nach Roze (Annal. d. sc. naturell. 1867, S. 97) soll hingegen die Keimung der kleinen und grossen Sporen gleich schnell stattfinden. Ich vermag über diesen Punkt nichts zu sagen, da ich immer von 8 zu 8 Tagen kleine Sporen nachsäete, doch bemerke ich, dass Roze Sporen verwendete, welche drei Monate zuvor gesammelt waren,

hat sich als eine schleimige, dichte Masse unterhalb der allein noch den Halskanal verschliessenden Endospor-Haut gesammelt. Gleichzeitig mit dieser reissen nun die vier Schlusszellen des Halses in ihren Commissuren theilweise auseinander und umstehen wie vier Hörner den offenen Halskanal. Die in eine stark quellende Masse verwandelte Substanz der Kanalzelle schiesst zur selben Zeit mit einer gewissen Gewalt hervor, so dass dieselbe ein wenig entfernt vor der Mündung des Archegoniums zu liegen kommt. Nach kurzer Pause folgt der Rest der Substanz der Kanalzelle in ähnlicher Weise mit zwei bis vier Unterbrechungen nach; doch geschieht die Entleerung mit geringerer Kraft, so dass die ausgestcssenen Massen unmittelbar vor der Mündung des Archegoniums liegen bleiben, und erst durch die nachfolgenden Portionen von derselben hinweggedrängt werden. Die entleerten schleimigen Massen, ein inniges Gemenge von Fett und Protein-Stoffen, wahrscheinlich auch einem Kohlenhydrat, diffundiren langsam mit dem umgebenden Wasser, während gleichzeitig Oeltröpfchen zusammenfliessen. Dabei haben diese Stoffe, wie Strasburger fand, eine specifische Wirkung auf die Spermatozoiden, welche weder die Folge eines Diffusions-Stromes, noch eines durch den Entleerungsakt veranlassten Strudels sein kann, da sich beliebige andere kleine Körper indifferent verhalten. Die in der Nähe des Archegoniums vorbeisteuernden Spermatozoiden schiessen gegen die sich entleerenden Massen hin, dringen in dieselben ein und steuern mit entschieden verlangsamter Bewegung durch diese nach der Halsöffnung des Archegoniums. Dies ist der gewöhnliche Fall, doch kommt es auch vor, dass Spermatozoiden an der Schleimmasse, gleichsam wie an einem elastischen Körper, zurückprallen und dann entweder ganz aus dem Gesichtsfeld eilen oder von Neuem umkehren, um dann sogleich oder nach wiederholten Versuchen in die entleerte Inhaltsmasse der Kanalzelle und die Mündung des Archegoniums einzudringen. Wie es schien, gingen die

---

da es ja möglich wäre, dass in dieser Ruhezeit ein Grund für die gleichzeitige Entwicklung beider Sporenarten läge. Ebenso müsste berücksichtigt werden, dass eine der beiden Sporenarten sich vielleicht schon bei niederer Temperatur als die andere entwickeln, und hierdurch je nach Umständen gleichzeitige oder ungleichzeitige Entwicklung der grossen und kleinen Sporen gefunden werden könnte.

Spermatozoiden immer mit dem bewimperten vorderen Ende voran in die Schleimmasse, doch konnte ich bei der Kleinheit des Objectes hierüber nicht ins Klare kommen, und auch nicht entscheiden, ob das Zurückprallen der Spermatozoiden vielleicht dann stattfindet, wenn dieselben mit ihrem hinteren Ende gegen die Schleimmasse stossen. Wie schon gesagt, verfolgte ich die Spermatozoiden nicht weiter, als bis zu ihrem Eindringen in die Oeffnung des Halskanals und habe ich hier nur noch zu bemerken, dass ich wiederholte Male mehrere, in einem Falle bestimmt zehn Spermatozoiden in ein Archegonium eindringen sah.

Es bleibt mir jetzt noch einiges über Anzahl, Stellung und Entwicklungsfolge der Archegonien nachzutragen. Das erste der Archegonien, deren bis 30 gebildet werden können, entsteht auf dem Scheitel des immer chlorophyll-freien Prothalliums, die übrigen folgen in einer von diesem aus centrifugal fortschreitenden Ordnung (**1**, 15 und **2**, 6). Zum weiteren Verständniss der Stellung der Archegonien muss ich zunächst daran erinnern, dass das Prothallium, entsprechend dem dreilappigen Aufreissen der äusseren Sporenhaut, nach drei Richtungen hin weiter entblösst ist, die Gesammtform des freigelegten Prothalliums also in Folge der angedrückten Klappen des Exospors eine dreilappige ist (**1**, 16 und **2**, 6). Die Form des Areals, auf welchem die Archegonien ihren Ursprung nehmen, ist aber damit gegeben, dass diese auf dem entblössten Prothallium entstehen, und nur ganz ausnahmsweise an den von den Klappen des Exospors bedeckten Partieen zum Vorschein kommen.[1]) Das Oeffnen der Archegonien geschieht im Allgemeinen in derselben Reihenfolge wie ihre Bildung, immer aber erst einige Zeit nach dem Aufreissen des Exospors. In den weitest entwickelten Archegonien, welche ich vor dem Aufspringen des Exospors antraf, war

1) Das fast ausschliessliche Vorkommen der Archegonien auf den entblössten Partien des Prothalliums ist sehr bemerkenswerth, kann jedoch nicht wohl die alleinige Folge von aussen einwirkender Kräfte, etwa von Druck und Lichtentziehung, an die man zunächst denken könnte, sein. Diesen und ebenso anderen möglichen Ursachen widerspricht schon der Umstand, dass noch vor dem Aufspringen des Exospors Archegonien entstehen, zu einer Zeit, wo das endosmotisch gespannte Endospor der äusseren Sporenhaut stark angepresst ist.

von dem Inhalt der Centralzelle eben die Kanalzelle abgeschnitten worden (1, 15). — Zuweilen fanden sich unmittelbar aneinander stossende Archegonien, ein analoger Fall, wie ihn die Archegonien (Corpuscula) mancher Nadelhölzer bieten.

In der Mehrzahl der Sporen trifft man nur einen Embryo, weil nur ein Archegonium befruchtet wurde, nicht etwa aber, weil von einer Mehrzahl befruchteter Eizellen nur eine zur Weiterentwicklung kam. Es finden sich nämlich in einer Spore nicht selten auch zwei (5, 5), vereinzelt sogar bis fünf Embryonen, welche sehr ungleichalterig sein können. So habe ich einigemal den Fall beobachtet, dass der aus einem in der Nähe des Prothalliumscheitels stehenden Archegonium gebildete Embryo bereits aus der Spore hervorgebrochen war, während sich in dieser noch ein zweiter Embryo fand, welcher aus einem marginal-ständigen Archegonium seinen Ursprung nahm, und sich noch in dem allerjüngsten Entwicklungsstadium befand. Daraus folgt aber als sicherer Schluss, dass in einem Archegonium auch dann noch Befruchtung stattfinden kann, wenn die Spore bereits einen ansehnlich entwickelten Embryo einschliesst, denn das Oeffnen der Archegonien geschieht immer in gleicher centrifugaler Reihenfolge, gleichviel ob eines befruchtet wurde oder nicht. Selbst Neubildung von Archegonien kann am Rande des Prothalliums noch stattfinden, wenn die Befruchtungskugel eines scheitelständigen Archegoniums schon zu einem vielzelligen Embryo entwickelt ist. *Selaginella* weicht hier von *Salvinia* und *Isoetes* ab, denn bei jener bilden sich nach Pringsheim[1]) mehr als drei Archegonien nur dann, wenn keines dieser befruchtet wurde, und nach Hofmeister[2]) bleibt es bei *Isoetes* nur bei einem Archegonium, wenn das erstgebildete befruchtet wird, während sich im anderen Falle bis zu acht Archegonien entwickeln können.

Die Eizelle sowohl, als auch der Inhalt der Halszellen nicht befruchteter Archegonien nehmen bald eine hellbraune Farbe an. Die Halszellen anderer unbefruchteter Archegonien wachsen zu Haaren aus, oder erleiden auch vereinzelte oder zahlreiche Theilungen, durch welche

---

1) Pringsheim a. a. O. S. 517.

2) Hofmeister, Beiträge zur Kenntniss der Gefässkryptogamen in Abhandlg. d. k. sächs. Akad. d. Wissensch. 1855, S. 127.

sie selbst in wulstig hervorragende vielzellige Körper verwandelt werden können (5, 5 rechts); die zahlreichen hierbei vorkommenden Modificationen sind von Mettenius[1]) erschöpfend beschrieben und abgebildet worden. Es sei hier übrigens bemerkt, dass auch beliebige Zellen des Prothalliums zu Haaren auswachsen können (5, 5).

Die Entwicklung des Embryos von Selaginella Martensii.

Ehe wir die Entstehung des Embryos aus der Eizelle verfolgen, ist eine Orientirung an einem älteren Embryo, der bereits alle wesentlichen Theile gebildet hat, nothwendig. Ein solcher noch in Verbindung mit der Spore, welche vor noch nicht langer Zeit durchbrochen wurde, ist in Fig. 5 (Taf. 4, siehe auch Fig. 6) dargestellt. Jetzt, wie zu allen Zeiten, liegt der Embryo ganz lose in dem Gewebe des Prothalliums und des Endosperms, dessen Zellen, soweit der Embryo sich ausdehnte, zum grössten Theil resorbirt, ausserdem auch zusammengepresst wurden. Nach dem Archegonium, aus dessen Eizelle der fragliche Embryo hervorging, führt der Aufhängefaden (Et), der bekanntlich allein der Gattung *Selaginella* unter allen Gefässkryptogamen zukommt. An dem Embryo unterscheiden wir den bauchartig aufgetriebenen, aus sehr grossen Zellen bestehenden Fuss (F), welcher in der Spore immer eingeschlossen bleibt; rechts von diesem tritt die Wurzel (W), links das hypokotyle Glied (H. G) hervor. Letzteres trägt zwei, auf gleicher Höhe entspringende Cotyledonen (Bl), von denen jeder fast die halbe Peripherie der jugendlichen Axe umfasst; ein Medianschnitt der Blätter, welcher an dem dargestellten Embryo zugleich ein Medianschnitt von Fuss und Wurzel ist, fällt in die Papierebene. Zwischen den Cotyledonen, von denen jeder aus der Basis seiner Innenseite, ganz so wie alle Blätter von *Selaginella*, eine Ligula (L) entwickelt, ruht das fortbildungsfähige Stammende, welches bei dem in den Figuren 5 und 6 abgebildeten Embryonen bereits dichotomirt ist. Die Ebene, in welcher die Dichotomirung stattfand, liegt senkrecht zur Papierebene, wesshalb man in dieser Lage auch nur einen der eben erst gebildeten Dichotomie-Sprossen sehen kann.

---

1) Mettenius, Beiträge etc. 1850 S. 12.

Die Gabelsprosse stimmen in allen wesentlichen Punkten ihrer weiteren Entwicklung mit den Zweigen von *Selaginella* überein, über deren Blattstellung hier eine kurze Notiz am Platze sein dürfte. Bekanntlich besitzt *Selaginella Martensii,* wie die meisten Arten dieser Gattung, dimorphe, in vier Reihen angeordnete Blätter, welche aber scheinbar zweizeilig gestellt sind. Die in zwei Reihen auf der Oberoder Rückenseite (Lichtseite) entspringenden kleineren Blätter sollen mit Hofmeister als Oberblätter *(folia intermedia* oder *superficialia Spring's),* die grösseren aus der Unter- oder Bauchseite (Schattenseite) ihren Ursprung nehmenden als Unterblätter *(folia marginalia* oder *lateralia Spring's)* bezeichnet werden. Ueber das gegenseitige Verhältniss dieser Blätter ist unterhalb des *punctum vegetationis* leicht endgültiger Aufschluss zu erhalten (**6**, 5). Der Querschnitt des Vegetationskegels ist eine Ellipse, deren breite Seiten mit Ober- und Unterseite zusammenfallen, welche letztere also durch eine durch die grösste Axe der Ellipse und zwar der Stammaxe parallel gelegene Ebene von einander getrennt werden. Eine ausserdem durch die kleinste Axe in gleicher Weise gelegte Ebene zertheilt folglich den Vegetationskegel in vier quadrantische Stücke. An je zweien dieser Quadranten, welche nur mit ihren Scheitelkanten an einander stossen, entsteht nun gleichzeitig und auf gleicher Höhe je ein bei seinem Ursprung fast ein Viertel des Stemgelumfanges einnehmendes Blatt. Da darauf an den beiden anderen Quadranten, aber an einem etwas höher gelegenen Querschnitt, in gleicher Weise Blätter entstehen, so liegen also decussirte Blattpaare vor, deren jedes aus einem Ober- und Unterblatt sich zusammensetzt (**6**, 5). Beide sind gleich nach ihrem Ursprung noch nicht zu unterscheiden, ihre Lage folgt aber unzweideutig aus der gegebenen Darstellung. Betreffend das Wachsthum der Axe bemerke ich nur, dass dasselbe mit einer zweischneidigen Scheitelzelle geschieht, deren Seitenflächen den schmalen Seiten des elliptischen Querschnittes zugewandt stehen.

Kehren wir nun nach dieser vorläufigen Orientirung, welche uns von wesentlichem Nutzen sein wird, zu der befruchteten Eizelle zurück. Diese umkleidet sich innerhalb 35 Stunden nach der Befruchtung mit einer Cellulosemembran, die einen trüben Inhalt umschliesst, in welchem man aber einen Zellkern deutlich erkennen kann. Die obige Terminbestimmung gründet sich auf einen Fall, in welchem ich in das scheitelständige und einzig geöffnete Archegonium Spermatozoiden einschwärmen sah, und dann nach Abspülen mit Wasser die Spore 35 Stunden zurücklegte. An den nun aus der Spore angefertigten Längsschnitten wurde das scheitelständige Archegonium mit zweifelloser Gewissheit wieder erkannt, und obgleich mittlerweile noch zwei benachbarte Archegonien sich geöffnet hatten, so war doch in jenem allein die Befruchtungskugel mit fester Membran umkleidet, von welcher der Inhalt auf Anwendung wasserentziehender Mittel zurückwich.

Hierauf zerfällt die Eizelle durch eine zur Archegoniumaxe senkrechte oder ganz wenig geneigte Wand in zwei ungefähr gleich grosse Zellen, deren obere zum Embryoträger, die untere, sie soll Keimmutterzelle heissen[1]), aber zum eigentlichen Embryo wird (**2**, 8 und 9). Die Streckung der oberen Zelle beginnt gleichzeitig mit einer gewissen Breitedehnung beider Zellen, durch welche Centralzelle und Halskanal des Archegoniums wie durch einen Keil ein wenig auseinander getrieben werden.

Durch die fernere Streckung des Aufhängefadens wird die Keimmutterzelle durch die Wandung des Archegoniums, das Prothallium und das Diaphragma in das Endosperm geführt, in welchem die schon unterwegs begonnene Weiterbildung fortschreitet (**2**, 10 u. 11 ; **5**, 5).

Jede der beiden Zellen, in welche die Eizelle zuerst zerfiel, enthielt ein dichtes und trübes Protoplasma mit deutlichem Zellkern. Allein im Aufhängefaden wird während der beschriebenen Streckung der Inhalt mehr und mehr hyalin, endlich wasserhell (**2**, 10); nur einigemal sah ich im oberen Ende des Embryoträgers, als dessen

---

1) Nach Hofmeister (a. a. O. S. 124) sollen gewöhnlich in dieser unteren Zelle einige Querwände eintreten und dann erst die Endzelle derselben sich zur primären Axe dieses Autors ausbilden. Es ist aber entschieden die ganze untere Zelle Mutterzelle des Keimes, denn zuweilen bleibt der Aufhängefaden überhaupt einzellig, sehr oft aber treten Theilungen erst dann in demselben auf, wenn die erste oder die ersten Wände in der Keimmutterzelle bereits gebildet sind. Zudem ist die Stellung der in dem Embryoträger vorhandenen Wände nicht selten eine solche, dass dieselben gar nicht von der unteren Zelle abgegliedert sein können, und ferner sind die intercalaren Theilungswände des Aufhängefadens immer, wenigstens an jungen Embryonen, viel zarter als die Trennungswand des Trägers und der Keimmutterzelle, so dass sie mit dieser nicht zu verwechseln sind.

Streckung beinahe vollendet war, eine zusammenhängende trübe Masse von Protoplasma, deren Form den noch nicht aufgebrauchten Inhalt der Mutterzelle des Trägers erkennen liess. Der Aufhängefaden bleibt nur selten eine einfache Zelle, meist wird er, noch während er in Streckung begriffen, von einer oder mehreren Theilungen betroffen, die indess gewöhnlich nur in dem unteren den Embryo-Anfang tragenden Ende gefunden werden, hier aber ganz ordnungslos, bald parallel, bald schief, bald senkrecht zur Achse des Fadens auftreten (vergl. die Figuren auf Taf. 2 u. 3). Im oberen Ende fanden sich nur einige Mal, und dann immer senkrecht zum Embryoträger gestellte Wände, während dessen unteres Ende selbst in einen vielzelligen Körper verwandelt werden kann. Jede der Zellen des Aufhängefadens enthält einen Kern, der nicht selten den Mittelpunkt eines schönen, aus sehr hyalinen Protoplasmasträngen gebildeten Strömungsnetzes bildet.

Wie schon gesagt, beginnen die Theilungen in der Keimmutterzelle schon während der Streckung des Aufhängefadens. Die erste beobachtete ich schon, als dieser vielleicht seine halbe definitive Länge erreicht hatte.[1]) Diese erste Theilung geschieht durch eine die Trennungswand von Aufhängefaden und Keimmutterzelle ungefähr in zwei gleiche Hälften zerlegende und gegen dieselbe immer ein wenig schiefe, wenn auch zuweilen fast rechtwinkelige Wand (2, 10 u. 11, Wand II).

---

1) Die schönsten Präparate von Embryonen sowohl, als von Vegetationspunkten der Zweige erhielt ich durch folgende, auch in anderen Fällen mit Vortheil angewandte Methode. Nachdem das Präparat kürzere Zeit in mässig concentrirter Kalilauge gelegen hat und diese nur unvollständig ausgewaschen ist, bringe ich absoluten Alkohol hinzu. Die Anwendung eines ganz absoluten Alkohols ist jedenfalls nothwendig, da nur in diesem sich erhebliche Mengen der meisten Fette lösen, auf deren Entfernung neben harzartigen durch die Einwirkung des Kalis entstandenen Producten es abgesehen ist; eben deshalb muss aber auch mit absolutem Alkohol wiederholt nachgewaschen werden. Die oft stark collabirten Gewebe quellen auf Wasserzusatz wieder völlig auf, namentlich dann, wenn die Kalilauge zuvor nicht völlig durch Wasser ausgewaschen war, da das in jener immer vorhandene und in Alkohol unlösliche kohlensaure Kali in den Zellen niedergeschlagen wurde. Bringt man nun das Objekt in nur sehr wenig Salzsäure haltendes Wasser, so erzielt man, wenn die Wirkung des Kalis richtig regulirt war, Präparate, welche auch nicht das Geringste zu wünschen übrig lassen.

Auf diese folgt augenscheinlich baldigst eine andere entgegengesetzt geneigte Wand, welche die zuletzt beschriebene unterhalb deren halber Höhe, im optischen Schnitt gesehen, trifft, und auf derselben gegen die Oberfläche zu ein wenig bogig nach beiden Seiten aufsteigend verläuft, auch gegen die Ansatzwand etwas concav ist (**2**, 11 und 12; **3**, 1 a und b Wand III).

Die von den beiden letztentstandenen Wänden eingeschlossene Zelle ist, wie wir weiterhin erfahren werden, die Scheitelzelle der embryonalen Achse; die beiden von der Keimmutterzelle abgeschnittenen Stücke betrachte ich als die beiden jüngsten Segmente, den Embryoträger selbst als das älteste Segment der Eizelle. Dann ist also diese, wie es auch bereits von Pringsheim für *Salvinia* [1]) geschah, als die Urscheitelzelle des Embryos anzusehen, die mit den gleich von Anfang schief zu einander geneigten Theilungswänden die Art des Wachsthums beginnt, welche die Scheitelzelle des Stammes fortsetzt. Die Auffassung der Eizelle als Urscheitelzelle findet aber gerade durch die Entwicklung des Embryos von *Selaginella*, wie wir noch sehen werden, eine gewichtige Unterstützung.

Der Embryo besteht also jetzt aus vier Zellen, nämlich drei Segmenten und der Scheitelzelle. Einen zur Längsaxe senkrechten Querschnitt findet man jetzt, wie auch ferner, ein wenig elliptisch und zwar steht die grösste Axe senkrecht auf den Seitenwänden der Scheitelzelle, wie es auch an Zweigen von *Selaginella* der Fall ist (**3**, 1 b; 2 d u. e). Es finden sich aber auch, wie ich früher schon bemerkte, manche Befruchtungskugeln, deren zur Archegoniumaxe senkrechter Querschnitt ein wenig elliptisch ist, und es wäre möglich, dass mit dieser Form, ähnlich wie bei *Salvinia*, den späteren Theilungen ihre Richtung und damit dem Embryo seine Orientirung vorgezeichnet ist; doch vermag ich hierüber nichts zu sagen, wenn ich nicht Vermuthungen für Thatsachen gelten lassen will.

Gleich nachdem das dritte Segment gebildet ist, tritt in dem nächst jüngeren eine zu den beiden Hauptwänden senkrechte, das Segment halbirende Wand auf (**2**, 12 b und c; **3**, 2 d u. e Wand 1). Dann folgt im oberen Theil einer jeden Hälfte eine Wand, welche auf der scheitelsichtigen Hauptwand, wo diese noch Seitenwand der Scheitel-

1) Pringsheim, Jahrb. f. wiss. Bot. III, S. 525.

zelle ist, ansetzt und gegen letztere concav gekrümmt, so gegen die Halbirungswand des Segmentes verläuft, dass der abgegrenzte Raum, an der freien Aussenfläche gesehen, dreiseitig erscheint (**3**, 1b und 2d, Wand 2). Die beiden gleichsinnigen Theilungen zusammengenommen begrenzen einen zweizelligen Complex, dessen Gestalt annähernd die eines halbirten Meniscus mit gewölbter Schnittfläche ist. Die eben beschriebenen Wände sollen als Blattwände bezeichnet werden, denn aus den abgeschnittenen Zellen geht das eine Keimblatt hervor, während durch ganz gleiche, aber etwas später erfolgende Theilungen in dem jüngsten Segmente der Grund für das zweite Keimblatt gelegt wird. (In Fig. 12 auf Taf. **2** sind nur in dem älteren, in Fig. 1 und 2 auf Taf. **3** in beiden Segmenten die Blattwände gebildet). Jede der beiden Blattzellen wird durch eine die Seitenwand der Scheitelzelle und die Blattwand schneidende Wand getheilt (**3**, 1b und 2d in S^2) und jetzt oder nachdem die Anzahl der vier serial angeordneten Zellen auf fünf oder sechs vermehrt ist, tritt eine zu den letzten Theilungen senkrechte Wand auf. Die Ansatzlinie dieser an der freien Aussenfläche ist der Seitenwand der Scheitelzelle des Embryos genähert und mehr oder weniger parallel, nach Innen zu aber verläuft die fragliche Wand convex gegen die Scheitelzelle gekrümmt, und endet auf der Blattwand (**3**, 3a und c bei Bl., ebenso 4—7). Auf diese Theilung, welche früher in den mittleren Zellen der Blattanlage als in den seitlichen eintritt (**3**, 3c und 4, 5 und 7), folgt eine entgegengesetzt geneigte Wand (**3**, 3a und c in S^2; **3**, 6). Durch die wechselnd nach zwei Richtungen geneigten Wände und Theilungen senkrecht zu diesen, durch welche die Anzahl der Scheitelzellen der marginalen Reihe vermehrt wird, wachsen die Keimblätter in gleicher Weise wie die Stengelblätter weiter [1]) (**2**, 6 und 7; **3**, 1 und 2a). Wie bei diesen entsteht am Grunde der Innenseite der Kotyledonen eine Ligula, an deren Bildung ich immer nur eine einfache, zu beiden Seiten der Blattmediane liegende, und der Scheitelzelle unmittelbar angrenzende Reihe von vier bis sechs Zellen Theil nehmen sah. Diese Zellen wölben sich, nachdem die Kotyledonen bereits den Scheitel überragen, hervor und arbeiten dann einige Zeit mit wechselnd gegen einander geneigten Wänden (**4**, 2a und 6; **5**, 1 bei L.). Wie an der Ligula der Stengel-

---

1) Hofmeister, Vgl. Unters. S. 113.

blätter treten in den Segmenten longitudinale und quere Theilungen, wenn auch minder zahlreich, auf und endlich wird, wie bei jener, die marginale Scheitelzellreihe wiederholte Male durch zur Wachsthumsrichtung des Organes senkrechte Querwände getheilt, so dass die Ligula mit einer einzelligen Schicht endet.[1]) Mit ihren Seitenrändern stossen die Keimblätter, wie sich aus dem Verlauf der Blattwände ergiebt, zu keiner Zeit aneinander (**3**, 1—7).

Wie schon gesagt, erfolgt die Anlage des Kotyledon zuerst in dem älteren Segmente, und auch die beiden ersten schief zu einander geneigten Wände, welche in den 4 bis 6 aneinander gereihten Zellen der Blattanlage auftreten, werden meist früher an dem älteren, selten gleichzeitig in beiden Keimblättern gebildet (**3**, 3 a). Weiterhin aber ist ein Altersunterschied der beiden Keimblätter nicht mehr zu bemerken und Grössenunterschiede, welche man in seltnern Fällen zwischen den beiden schon weiter entwickelten Kotyledonen findet, müssen Folge einer gehemmten Entwicklung sein, da auch der aus dem jüngeren Segment hervorgegangene Kotyledon der grössere sein kann.

Kehren wir nun zu den unteren grösseren Theilen der beiden Segmente der Keimmutterzelle zurück, welche zunächst gleiche Theilungen erfahren, die aber in dem älteren Segmente immer früher, als in dem jüngeren auftreten. Wie wir schon wissen, ist der fragliche Segmenttheil scheitelwärts von den Blattwänden begrenzt, und durch eine auf diesen nnd der basiskopen Hauptwand senkrecht stehende Wand halbirt. (**2**, 12 b und c; **3**, 2 e Wand 1.) Jede der beiden Segmenthälften zerfällt nun in zwei Zellen durch eine die beiden eben genannten scheitelsichtigen und grundsichtigen Begrenzungswände gleichfalls schneidende Wand, welche die freie Aussenfläche annähernd halbirt, und die Halbirungswand des Segmentes gewöhnlich ein wenig innerhalb von deren Mitte trifft (**2**, 12b; **3**, 2 e Wand 3). An diese nach innen sanft convex gebogene Wand setzt dann eine zweite an, welche die Innenwand des Segmentes rechtwinkelig trifft und parallel mit der Halbirungswand des Segmentes verläuft (**3**, 2 e Wand 4). Sind die bis jetzt beschriebenen Theilungsschritte in beiden Segmenten vollbracht, so wird ein Querschnitt acht peripherische Zellen zeigen, welche vier innere quadratische Zellen umgeben. Diese sind die Urmutter-

---

1) Siehe die Darstellung Hofmeister's in Vergl. Unters. S. 113.

zellen des Procambiums, jene produciren im jüngsten Segmente nur Rindengewebe des hypokotylen Gliedes, in dem älteren ausserdem noch Fuss und Wurzel.

Die nächsten Theilungen sind aber noch in den beiden Segmenten gleichartig. Zuerst zerfällt eine jede der peripherischen Zellen durch eine Querwand in zwei über einander gestellte Zellen, welche dann durch zur Aussenfläche parallele Theilungen in eine innere und äussere Lage gespalten werden (**3**, 1a; 2a u. 6; 3a u. d; 6). Auch die vier Urmutterzellen des Procambiums erfahren zunächst je eine quere dann eine longitudinale Theilung (**3**, 3a u. 6 innerhalb Wand 3). Aus diesen 16 Zellen geht durch Streckung, in Verbindung mit einigen longitudinalen und wiederholten queren Theilungen das im weiter entwickelten Embryo in der Richtung des Durchmessers eines Querschnittes aus 5 bis 8 aneinandergereihten Zellen zusammengesetzte Procambium hervor (**4**, 6; **5**, 1). Bald nach der ersten Longitudinaltheilung der Procambiumzellen werden von diesen an der Trennungswand des Aufhängefadens ziemlich isodiametrische Zellen abgeschnitten, aus deren Vermehrung die immer nur aus einigen Zelllagen bestehende Schicht hervorgeht, welche am weiter entwickelten Embryo zwischen Procambium und dem Aufhängefaden liegt (**4**, 1; **5**, 1; **4**, 6).

Nachdem bis zu dem vorher beschriebenen Stadium die Vermehrung der Zellen beider Segmenthälften gleichen Schritt gehalten hat, beginnt in dem älteren Segmente eine lebhaftere Quertheilung in den das Procambium umgebenden Zellen (**4**, 1). Erinnern wir uns jetzt, dass aus diesen Zellen im älteren Segmente, ausser der einen Hälfte des Rindengewebes des hypokotylen Gliedes Fuss und Wurzel entstehen, so folgt schon aus der gegenseitigen Lage dieser Organe am älteren Embryo, dass das hypokotyle Glied aus der Nachkommenschaft der nach der Blattwand zu liegenden Zellen hervorgeht, während die Wurzel aus den dem Aufhängefaden angrenzenden, und der Fuss aus den übrigen zwischenliegenden Zellen gebildet werden muss (Vrgl. **4**, 1; **5**, 1 u. 4; 6). Zunächst spalten sich die inneren der zum Fuss werdenden Zellen durch eine longitudinale, zur Aussenfläche parallele Theilung, welche sich indess bald auch auf die Zellen fortsetzt, welche Wurzel und hypokotyles Glied bilden (**4**, 1). Die Zellen des Fusses dehnen sich jetzt nach allen Dimensionen gewaltig aus, und durch die sehr beträchtliche Volumen-Zunahme dieses Gebildes wird das hypokotyle Glied, welches sich selbst nicht krümmt, zur Seite gedrängt, um die Kante, welche durch das Zusammentreffen des Embryoträgers mit dem aus dem jüngsten Segment hervorgegangenen Zell-Complex gebildet wird, gleichsam als Angelpunkt herumgeführt (vergl. **4**, 1; **5**, 1; **4**, 6). Halbirt man den Winkel des Dreieckes, als welches die Scheitelzelle des Embryos in dem Fig. 11 (Taf. **2**) dargestellten optischen Längsschnitt erscheint, so bildet die rückwärts verlängerte Halbirungslinie mit der Längsaxe des Aufhängefadens gewöhnlich einen sehr stumpfen Winkel. Die Scheitelzelle ist nämlich in Folge der Richtung der ersten Theilungen bei fast allen Embryonen etwas seitlich nach dem jüngsten, nie nach dem älteren Segment hin gerückt, welches in Folge dessen gewöhnlich auch merklich grösser als das jüngste Segment ausfällt (vergl. **2**, 11; 12a; **3**, 1a). Der namhaft gemachte, respective der von der Längsaxe des hypokotylen Gliedes und des Aufhängefadens gebildete stumpfe Winkel, nähert sich, während das hypokotyle Glied durch die Entwicklung des Fusses gegen den Aufhängefaden verschoben wird, immer mehr einem rechten, und wird bei der Mehrzahl der Embryonen endlich zu einem spitzen Winkel (vergl. **4**, 1; **5**, 1; **4**, 5 u. 6). Immer wird, wie aus dem Gesagten folgt, der fragliche stumpfe Winkel verkleinert, nie zu 180 Grad und mehr erweitert.

Die Verschiebung des hypokotylen Gliedes geschieht bei der überwiegenden Zahl der Embryonen in einer Ebene, welche zugleich einen Medianschnitt sämmtlicher Organe des Embryo's (auch der Wurzel) darstellt (**4**, 5 u. 6; **5**, 1). Findet aber die stärkste Entwicklung des Fusses nicht in der Richtung eines Medianschnittes des Embryo's statt, d. h. nicht aus Zellen des Rückens, sondern einer der Seitenflächen des älteren Segmentes der Keimmutterzelle, so kann natürlich kein Schnitt zugleich ein Medianschnitt sämmtlicher Organe sein. Die Medianebenen des Fusses und der Cotyledonen werden dann unter einem spitzen Winkel zu einander geneigt sein, und in den citirten Figuren würde man, bei sonst unveränderter Lage, die beiden Keimblätter an einem Seitenrande durchschnitten finden. Bei älteren Embryonen sieht man zuweilen sogar, bei einer Lage der übrigen Organe, wie sie durch die oben citirten Figuren dargestellt wird, auf die Fläche der Keimblätter; hier dürfte indess bestimmt das hypokotyle Glied während seiner bedeutenden Längsstreckung eine Drehung um die eigene Achse ausgeführt haben, da ich bei jungen Embryonen die Median-Ebenen des

Fusses und der Keimblätter höchstens einen Winkel von 45 Graden miteinander machen sah.

Die Wurzel wird erst dann gebildet, wenn alle Organe des Embryo's angelegt und bereits mehr oder weniger weit ausgebildet sind. Wie wir schon wissen, nimmt jene aus Zellen des zweiten Segmentes ihren Ursprung, welche zur Zeit der Entstehung der Wurzel zwischen Fuss und Embryoträger höchstens 3 bis 4 Lagen bilden, keineswegs aber von den Zellen des Fusses scharf abgegrenzt sind, und wenigstens in drei, zuweilen aber auch in vier Schichten das Procambium der embryonalen Axe umgeben (**4**, 1). Die Bildung der Wurzel ist nun namentlich dadurch bemerkenswerth, dass aus oberflächlichen Zellen die erste Kappe hervorgeht, während aus einer Zelle der nächst inneren Schicht die Scheitelzelle entsteht. Der Fibrovasal-Strang, welcher aus den Segmenten dieser hervorgeht, tritt dadurch mit dem Fibrovasal-Strang der embryonalen Axe in Verbindung, dass einige Zellen der ein bis zwei Schichten, welche zwischen Wurzelscheitelzelle und dem Procambium des Embryo's liegen, durch longitudinale und auch vereinzelte quere Theilungen in ein procambiales Verbindungsstück verwandelt werden (vergl. **4**, 1; **5**, 1 u. 2). Es ist sehr auffallend, dass ein Theil der zum Verbindungs-Procambium führenden Theilungen vollendet ist, ehe man eine Scheitelzelle nachweisen kann, welche mittlerweile in einer zuvor durch nichts ausgezeichneten Zelle entsteht, indem in dieser, wahrscheinlich nach zuvoriger Vergrösserung, eine entsprechend schief geneigte Wand auftritt (**5**, 1 u. 2 bei Ws; ein weiteres Segment ist noch nicht abgetrennt). Es ist hier nur noch nöthig daran zu erinnern, dass die Wurzel mit den übrigen Organen des Embryo's (in der Regel) eine Medianebene gemein hat, um den Ursprungsort jener völlig genau zu bestimmen; die Zellen, aus welchen Verbindungs-Procambium und Wurzelscheitelzellen hervorgehen, liegen also in der Richtung der Median-Ebene des betreffenden Segmentes hinter einander.

Die erste Hervortreibung der Wurzel geschieht weniger durch die Thätigkeit der Wurzelscheitelzelle, als vielmehr durch das lebhafte Intercalar-Wachsthum und die Dehnung der übrigen an der Wurzelanlage betheiligten Zellen. Auch wenn die Wurzel schon als Hügel hervortrat, ist eine Wurzelkappe noch nicht abgegrenzt, vielmehr bilden die oberflächlichen Zellen eine continuirliche Schicht, welche auch unter ansehnlicher Grössenzunahme der Zellen über den Fuss sich fortsetzt (**5**, 1 u. 2; **4**, 6). Freilich sind die an der Bildung der Wurzelkappe betheiligten Zellen zuweilen schon durch tangentiale Spaltung gekennzeichnet, noch ehe selbst das Verbindungs-Procambium zu bemerken ist (**4**, 1), in der Mehrzahl der Fälle aber werden die die Scheitelzelle bedeckenden Zellen gleichzeitig mit der Bildung dieser zweischichtig (**5**, 2), selten findet die Zweitheilung der fraglichen Zellen, welche nie zu unterbleiben scheint, während der Hervorwölbung der Wurzel statt. In der Regel findet man, im medianen Längsschnitt gesehen, nach dem Aufhängefaden zu alle Dermatogen-Zellen bis auf eine oder zwei diesem nächst angrenzende Zellen tangential gespalten (**5**, 2). Diese ungetheilten Zellen vermehren sich aber während des Hervortretens der Wurzel sehr lebhaft durch radial gestellte Wände, so dass die ganze ansehnliche Zellreihe, welche zwischen Ansatzpunkt des Aufhängefadens und Wurzelkappe späterhin liegt, zu ihrer Nachkommenschaft gehört (**5**, 6). Von dieser werden sogar einige Zellen in die Bildung der Wurzelkappe eintreten können, welche man meist einschichtig endend findet (**5**, 4). Eine solche Forderung stösst nun keineswegs auf Schwierigkeiten, da die Wurzelkappe erst nach dem Hervorwachsen der Wurzel sich von dem Dermatogen abgrenzt, indem entsprechende Querwände dieses in ähnlicher Weise, wie es bei den von einer Scheitelzelle abgeschnittenen Kappenzellen der Fall ist, schief und endlich parallel zur Längsachse werden (**4**, 6; **5**, 3 u. 4). Nur an sehr wenigen Wurzeln von Keimpflänzchen wurden auch die auslaufenden Zellen der Wurzel nicht ein-, sondern zweischichtig gefunden (**5**, 3).

Die weitere Entwicklung der Wurzel, welche der Untersuchung beiläufig nicht geringere Schwierigkeiten als das Studium der ersten Entstehung bietet, habe ich nicht verfolgt. Dieses dürfte auch besser zunächst an erwachsenen Pflanzen geschehen, welche ungezähltes Material darbieten. Sicher ist, dass die Scheitelzelle durch schief zu einander geneigte Wände Segmente abschneidet, welche Form jene aber besitzt, kann ich nicht sagen. Nägeli und Leitgeb[1]) halten für die Wurzeln älterer Pflanzen eine zweischneidige Scheitelzelle für wahrscheinlich, indess konnte ich bei einer Anzahl von Scheitelansichten

1) Beiträge z. wiss. Bot., Heft IV, p. 129.

der Wurzeln von Keimpflänzchen nie eine zweischneidige, wohl aber wenige Male eine dreiseitige Zelle bemerken, von der ich indess nicht positiv behaupten will, dass sie die Scheitelzelle war. Ausser durch die Wurzelkappen wird besonders durch die Steilheit des Vegetationskegels und das ungemein starke intercalare Wachsthum der Segmente die Untersuchung erschwert, da man der letzteren beiden Faktoren halber die Segmente nicht mehr gleichzeitig mit der Scheitelzelle übersehen kann; indess ist bei eingehendem Studium ein endgültiger Entscheid gewiss zu erreichen.

Zweifellos ist es aber, dass die Scheitelzelle der Keimwurzel von *Selaginella* primäre Kappenzellen abschneidet (5, 3 u. 4 bei WK²), was indess nur seltener, und wie es scheint nach Bildung einer grösseren Anzahl von Segmenten geschehen dürfte. Dieses Faktum ist aber besonders desshalb interessant, weil damit an demselben Objecte, wenn auch zeitlich getrennt, zwei Bildungsarten der Wurzelkappen vereint sind, nämlich die durch Abgliederung primärer Kappenzellen von einer Scheitelzelle, wie sie den Gefässkryptogamen zukommt, und die aus dem Dermatogen, welche nach Hanstein's und Reinke's[1]) Untersuchungen wohl allen Angiospermen eigenthümlich ist.

Die Wurzeln der Keimpflänzchen von *Selaginella Martensii* dichotomirten immer erst, nachdem sie eine ansehnliche Länge erreicht hatten, ja an manchen, welche bereits bis zu 15 Mm. maassen, war eine Gabelung noch nicht eingetreten. Die Art und Weise der Dichotomirung habe ich, wie schon gesagt, nicht näher untersucht. — Beiläufig sei hier noch bemerkt, dass die Abstossung der nie sehr mächtig werdenden Wurzelkappen in ähnlicher Weise wie bei anderen Pflanzen geschieht und dass zahlreiche Dermatogenzellen der Wurzel zu Haaren auswachsen.

Die Keimwurzel von *Selaginella* ist also zweifellos eine am hypokotylen Glied seitlich entstehende Wurzel. Die Entwicklung derselben ist aber wesentlich verschieden von der der Keimwurzel von

---

1) Monatsb. d. niederrh. Gesell. 5. Juli 1869 u. Hanstein, Botan. Abhandlg. Heft I. die Entwicklung des Keimes der Monokotylen und Dikotylen. — Nach Nägeli's und Leitgeb's Darstellung (L. c., S. 137) könnte möglicherweise auch in den Wurzeln von *Isoetes* die Wurzelhaube aus dem Dermatogen entstehen. — Ueber die Coniferen fehlen noch bezügliche Untersuchungen.

Marsilia[1]) und den Farnkräutern[2]), bei welchen Pflanzen auch die erste Wurzelkappe aus einer von der schon constituirten Wurzelscheitelzelle abgeschnittenen primären Kappenzelle hervorgeht. Hingegen würde noch Hofmeister, wenn ich recht verstehe, auch bei *Isoetes*[3]) und *Equisetum*[4]) die Keimwurzel aus der Vermehrung einer unterhalb der oberflächlichen Zellschicht liegenden Zelle hervorgehen. Mit der Bildung der Seitenwurzeln an Wurzeln der Gefässkrystogamen, wie sie Nägeli und Leitgeb kennen lehrten, hat die Entstehung der Keimwurzel von *Selaginella* nur das gemein, dass ihre Scheitelzelle aus einer nicht oberflächlichen Zelle hervorgeht, welche aber nicht, wie bei jenen dem Cambium oder Pericambium unmittelbar angrenzt, vielmehr von ersterem durch ein oder zwei Zellen getrennt ist. Aus diesen Zellen geht, wie bei Entstehung von Seitenwurzeln an Wurzeln der Gefässkryptogamen aus dem Pericambium, wenn ein solches vorhanden, ein Verbindungs-Procambium hervor.

Während die Keimpflänzchen von *Selaginella Martensii* sogleich eine echte Wurzel produciren, entstehen an den Zweigen dieser Art, je auf der Ober- und Unterseite der Dichotomien-Winkel, die eben durch den Mangel einer Haube von den Wurzeln unterschiedenen Wurzelträger. Nach Nägeli und Leitgeb[5]) werden diese voraussichtlich gleichzeitig mit der Dichotomirung angelegt, und wachsen zunächst mit einer wahrscheinlich zweischneidigen Scheitelzelle, deren Thätigkeit indess beschränkt ist, und durch sehr starkes Intercalar-Wachsthum ersetzt wird. In dem kopfförmig anschwellenden Ende der Wurzelträger entstehen aber in noch nicht näher bekannter Weise echte Wurzeln, welche erst, wenn jenes mit dem Boden in Berührung kommt, hervorbrechen und sich weiter entwickeln.[6]) Uebrigens produciren manche *Selaginellen*, z. B. *cuspidata* und *laevigata*, wie es durch die genannten Autoren bekannt ist, an den Gabelungsstellen direkt wahre Wurzeln.

Die Scheitelzelle der embryonalen Achse liegt, wie wir wissen, zwischen den beiden Kotyledonen, deren Entstehung bereits verfolgt wurde

1) Hanstein, in Jahrb f. wiss. Bot. IV, S. 230.

2) Beiträge, in Abhdlg d. K. Sächs. Gesell. d. Wissenschft. 1857, S. 611.

3) Beiträge, in Abhdlg. d. K. Sächs. Gesell. d. Wissenschft. 1855, S. 136.

4) Ebenda, S. 175.

5) A. a. O. S. 124 ff.

6) Dass hiebei die dargebotene Feuchtigkeit und nicht etwa Contakt oder Verdunkelung den Anstoss gibt, zeigte ich in den »Arbeiten des botan. Inst. in Würzburg« Heft I. S. 97.

(Vergl. **3**, 1 u. 2 bei St). Die Form jener ist die einer quer halbirten biconvexen Linse, deren Schnittfläche convex hervorgewölbt wurde. Die Seitenwände der zweischneidigen Scheitelzelle stehen, wie schon aus dem Bekannten hervorgeht, mit den Keimblättern parallel, ein diese median theilender Schnitt ist also auch Median-Schnitt jener. In einer zu diesem senkrechten Ebene entwickeln sich aber die beiden Dichotomie-Sprosse, ohne dass zuvor ein eigentliches Längenwachsthum der den Embryo abschliessenden Scheitelzelle stattfindet.

Etwa gleichzeitig mit der Anlage der Keimblätter werden von jeder Ecke der zweischneidigen Scheitelzelle, an der Aussenfläche dieser, dreieckig erscheinende Stücke durch zwei schnell aufeinander folgende Theilungen abgeschnitten (**3**, 2d; vergl. **4**, 2b; Wand I u. II). Die beiden Linien, in welchen diese Wände die Aussenfläche der Scheitelzelle treffen, sind meist unter sich nicht vollkommen parallel und ebenso ist gewöhnlich eine jede derselben zu der gemeinsamen Median-Ebene der Kotyledonen und der Scheitelzelle mehr oder weniger schiefwinkelig geneigt (Vergl. **3**, 1b, 2d, 3c, 4 u. 7). Indem beide Wände concav gegen einander gekrümmt sind, endet nach innen zu die jüngere auf der älteren und die Gestalt der eingeschlossenen Zelle ist die eines vierseitigen Keiles, dessen Schneide senkrecht zu den Seitenwänden der primären Scheitelzelle (der zweischneidigen Scheitelzelle, in welcher diese Theilungen auftraten) steht (**3**, 2c; vergl. **4**, 2c, Wand I u. II). Nach diesen Theilungen folgen succedan zwei zu derselben mehr oder weniger rechtwinkelig gestellte, den Seitenwänden der primären Scheitelzelle (die Ansatzlinie an deren freien Aussenfläche betrachtet) genäherte und annährend parallele Wände, die gleichfalls concav gegen einander gekrümmt sind (**3**, 1a u. b; 3c; 4; 7; **4**, 2b Wand III u. IV), Die ältere dieser Wände erreicht in ihrem nach innen gerichteten Verlaufe die fernere Seitenwand der primären Scheitelzelle, während die jüngere Wand auf der älteren endet (**3**, 1a, 3a; — **4**, 2a, Wand III u. IV). Die vierseitige Zelle hat also die Form eines Keiles bewahrt, die Schneide dieses ist aber um 90 Grad verlegt worden. Wir haben folglich hier eine vierseitige Scheitelzelle, welche durch decussirte, nicht spiralig folgende Wände Segmente abschnitt. Dass aber die vierseitige Zelle wirklich als Scheitelzelle angesprochen werden muss, folgt daraus, dass aus jedem der abgeschnittenen Segmente die verschiedenen Gewebeformen der Achse, Rinde und Fibrovasalstrang, hervorgehen.

An zahlreichen Präparaten wurden die bis dahin beschriebenen Theilungen der Hauptsache nach immer gleich gefunden, nur in einem Falle kam eine Abweichung vor (**3**, 5). Die zweite Theilung in der primären Scheitelzelle setzte nämlich nur auf einer Seitenwand dieser Scheitelzelle an, und schnitt auf der anderen Seite die vorausgegangene Theilungswand, so dass die Scheitelzelle jetzt von der freien Aussenfläche gesehen dreieckig erschien. An dem fraglichen Präparate war ausserdem noch ein Segment abgeschnitten, dessen grundsichtige Hauptwand von einem Stücke der Seitenwand der primären Scheitelzelle gebildet wurde.

Verfolgen wir nun die weiteren Theilungen in der vierseitigen Scheitelzelle, durch welche die Dichotomirung eingeleitet wird, an dem in Fig. 2 (Taf. **4**) abgebildeten Präparate. Dieses ist in Scheitelansicht (b), ferner in einem mit der Medianebene parallelen (a) und einem zu dieser senkrechten (c) optischen Längsschnitt dargestellt; in den Schemata sind die in Betracht kommenden Wände mit gleichen Zahlen bezeichnet. Nachdem die Wand IV, bis zu welcher wir die Theilungen bereits verfolgten, gebildet war, lag eine vierseitige nach innen keilförmige Scheitelzelle vor. In dieser wurde jetzt durch die Wand V ein Segment abgetrennt, dessen grundsichtige Hauptwand durch die Wand II gebildet ist. In dem Segment schnitt zunächst die Wand 6 ein kleineres Stück ab, und dann trat in der grösseren Hälfte jenes die die grundsichtige Hauptwand schneidende und gegen dieselbe concav gekrümmte Wand 7 auf. Damit ist die Dichotomie vollbracht, und an dem zur Median-Ebene der Keimblätter senkrechten Längsschnitt erblicken wir die beiden Scheitelzellen der sich weiterhin entwickelnden Gabelsprosse (**4**, 2c). An einer Anzahl von Präparaten wurde die eben beschriebene Reihenfolge von Theilungen beobachtet, indess ist es gewiss, dass Abweichungen vorkommen, wenn auch das Endziel, die Bildung einer zweiten Scheitelzelle aus einem Segmente, dasselbe bleibt. Bestimmt beobachtet habe ich, dass zunächst durch eine der Wand III parallele Theilung ein Segment abgetrennt wurde (**3**, 7) und es ist mir wahrscheinlich, dass selbst mehrere Segmente abgeschnitten werden können, ehe in dem letztgebildeten die zweite Scheitelzelle constituirt wird.

Wie es die Figuren 2b u. 2c (Taf. **4**) zeigen, liegen beide Scheitelzellen gleich nach ihrer Bildung nach den Seiten des Vegetationspunktes des Embryos hingerückt, dessen Scheitel in der citirten Figur bereits ein wenig eingesenkt erscheint. Wir sehen also, dass zwei neue Wachsthums-Richtungen eingeschlagen wurden, während die ursprüngliche aufgegeben ist. Darin finde ich aber mit Sachs[1]) das einzige durchgreifende Kriterium für Dichotomie; eine Halbirung der Scheitelzelle durch eine verticale Wand, wie es bei Dictyota geschieht, ist eben nur ein specieller Fall der Gabelung[2]). In gleicher Weise wie bei *Selaginella* sehe ich aber auch die Auszweigung von *Metzgeria* als echte, nicht mit *Kny*[3]) als »falsche Dichotomie« an, denn bei dieser Pflanze entsteht die zweite Scheitelzelle in ähnlicher Weise wie bei *Selaginella*.

Das die beiden Scheitelzellen trennende Segmentstück (**4**, 2b u. c) erleidet in rascher Aufeinderfolge eine Anzahl von Theilungen durch radial und tangential gestellte Wände (**4**, 3a u. b). Dabei wächst es ansehnlich in die Quere, so dass die beiden Scheitelzellen schnell weiter auseinander rücken, während auch durch gleichzeitiges actives Hervorwölben dieser die Einsenkung zwischen ihnen noch mehr vertieft wird. Auch die vor der Gabelung abgeschnittenen Segmente erfahren zahlreiche intercalare Theilungen, welche indess, wie es aus den Figuren hervorgeht (**3**, 3a, 4, 5, 7; **4**, 2b) nicht immer in gleicher Weise stattfinden und desshalb eine nähere Betrachtung auch nicht erfordern; allgemeines Endziel dieser Theilungen ist die Bildung eines mehrschichtigen Rindengewebes und eines von diesem umhüllten Procambium-Stranges. Aus der gesammten Zellnachkommenschaft der vor der Dichotomirung gebildeten Segmente geht das sehr kurze Podium über der Insertion der Keimblätter hervor, auf welchem die beiden Gabelsprosse ruhen.

Die beiden Scheitelzellen, mit deren Bildung die Gabelung eingeleitet ist, haben gegen die Aussenfläche gesehen eine mehr oder weniger quadratische oder parallelogrammatische Gestalt (**4**, 2b). Wei-

---

1) Sachs, Lehrbuch 2. Aufl., S. 154.

2) Bei keilförmig in das Gewebe ragenden Scheitelzellen ist es kaum mit den Wachsthums-Erscheinungen vereinbar, dass jene durch eine verticale Wand halbirt werden sollten (Vergl. Nägeli u. Leitgeb, Beiträge z. wiss. Bot., Heft IV, S. 121.

3) Jahrb. f. wiss. Bot. IV, S. 74.

terhin scheinen zunächst noch einige Segmente durch Wände, welche je einer der Seitenwände der Scheitelzelle parallel gerichtet sind, abgeschnitten zu werden (**4**, 3b). Wie oft dieses geschieht, vermag ich nicht zu sagen und ebenso wenig kann ich Bestimmtes darüber angeben, wie aus der vierseitigen Scheitelzelle eine zweischneidige wird, wenn ich nicht Vermuthungen für Thatsachen gelten lassen will. Sicher nur ist, dass schon an ziemlich jugendlichen Gabelsprossen eine zweischneidige Scheitelzelle vorhanden ist, deren Seitenwände im Anfang wenigstens parallel mit den Seitenwänden der zweischneidigen Scheitelzelle stehen, mit welcher einst der jugendliche Embryo abschloss. Die weitere Entwicklung der Gabelsprosse geschieht in gleicher Weise wie an älteren Zweigen, welche wir gleich betrachten werden. Zunächst erfordern aber noch einige Verhältnisse des Embryo's eine Erörterung.

Am Embryo findet man alle Organe angelegt und auch die Dichotomirung vollbracht, ehe derselbe aus der Spore hervorbricht; selbst das Ergrünen der Kotyledonen findet noch vor diesem Acte statt. An einem solchen Embryo (**4**, 6; **5**, 1) wird die Rinde des hypokotylen Gliedes aus 3 bis 6 Lagen cubischer oder auch tafelförmiger Zellen gebildet, deren äusserste Schicht kaum von den übrigen verschieden ist. Das Cambium, respective Gefässbündel des hypocotylen Gliedes, geht zwar continuirlich in das der Wurzel über, doch trifft man zu dieser Zeit wohl immer noch Andeutung der getrennten Bildung beider, indem dieselben unterhalb des Aufhängefadens in einem Knie zusammenstossen (**5**, 1 u. 2; **4**, 6), welches erst weiterhin verwischt wird. Zwischen Cambium und Aufhängefaden liegen jetzt zwei bis drei Lagen ziemlich isodiametrischer Zellen, die aus der Vermehrung jener einen Zellschicht hervorgingen, welche, wie schon erwähnt, von dem Procambium des hypokotylen Gliedes hier abgetrennt wurde (**4**, 1; **5**, 1 u. 2; **4**, 6). Die sehr grossen Zellen des Fusses sind jetzt, wie auch später, mit einem sehr trüben, ungemein oelreichen Inhalt erfüllt, während die Zellen der übrigen Organe des Embryo's ein hyalines, aber fettreiches Protoplasma enthalten. Durch den Fuss nehmen offenbar die in der Spore aufgespeicherten Reservestoffe ihren Weg in den Embryo; das Oel scheint dabei als solches zu wandern, sicher wird wenigstens keine Stärke gebildet. Jetzt, wie zu allen Zeiten liegt aber der Embryo völlig lose in dem die Spore erfüllenden Gewebe und nicht selten gelingt es denselben schon durch leichten Druck auf die Spore herauszusprengen.

Einige Zeit nach der Gabelung bricht der Embryo aus der Spore hervor und zwar zuerst das hypokotyle Glied, indem dessen Zellen sich bis auf das sechs- bis zehnfache ihrer bisherigen Länge strecken, dabei aber auch öfters einige Theilungen erleiden. Nicht lange nachher tritt die Wurzel gleichfalls durch Dehnung ihrer Zellen auf der entgegengesetzten Seite des Prothalliums hervor (**4**, 5)[1]. Die sich ein bis zwei Tage nach dem Hervorbrechen entfaltenden Kotyledonen sind zwei fast kreisförmige, mit herzförmiger Basis sitzende Blätter, deren Gestalt von der der Stengelblätter abweicht, den Unterblättern übrigens näher steht als den Oberblättern. Wie alle Blätter von *Selaginella* erzeugen aber, wie schon gesagt, auch die Keim-Blätter eine Ligula, auch sind dieselben mit einem von Dörnchen besetzten Saum umzogen. Beiläufig sei hier bemerkt, dass ich einmal einen trikotylen Embryo fand, an welchem dem Anschein nach zwei Blätter an Stelle eines Keim-Blattes standen.

Die Entwicklung des Embryos von *Selaginella*, namentlich auch die ersten Theilungen in der Keim-Mutterzelle, erinnern vielfach an *Salvinia* und *Marsilia*, durch die beiden Keimblätter und den Aufhängefaden nimmt aber unsere Pflanze eine unter den Gefäss-Kryptogamen isolirte Stellung ein. Namentlich durch den Embryoträger und die rein endogene Bildung des Prothalliums schon in den in Verbindung mit der Mutterpflanze reifenden Sporen ist *Selaginella* unzweifelhaft die den Phanerogamen am meisten genäherte Gattung aller kryptogamischen Gewächse.

Die Bildung des Keimes macht die Annahme einer primären Axe im Sinne Hofmeisters bei *Selaginella* noch mehr, als bei *Salvinia* und *Marsilia* unmöglich; was Hofmeister an etwas älteren Embryonen als eine solche anspricht, ist der Fuss, der aber, wie gezeigt wurde, durch einfache Volumenzunahme von Zellen entsteht, die zu der Nachkommenschaft des Segmentes gehören, aus welchem auch ein Keim-Blatt, die eine Hälfte des hypokotylen Gliedes und die Wurzel

1) Die Orientirung des Embryo's in der Spore wird durch die Lage dieser in keiner Weise beeinflusst, ist vielmehr dieselbe, gleichviel ob die Längsaxe der Spore senkrecht zum oder parallel mit dem Erd-Radius gerichtet war.

ihren Ursprung nehmen. Es ist wichtig, dass bei *Selaginella* die Axe des jugendlichen Embryo's, nicht wie bei *Salvinia*, *Marsilia* und anderen Gefäss-Kryptogamen schief, sondern fast parallel der Axe des Archegoniums steht. Denn mit diesem Nachweis fällt einer der Gründe hinweg, welche Hofmeister für seine primäre Axe anführt: »Bei Vergleich der Theile von Embryonen der Gefässkryptogamen mit den Organen phanerogamer Embryonen muss nothwendig die Lage der ersteren im Archegonium als gleichbedeutend mit der Richtung der letzteren im Embryosack, zur Richtschnur genommen werden: es ist vorauszusetzen, dass die Längsaxe des Embryo mit der des Archegonium zusammenfalle. . . . . Dies zugegeben ist die Deutung der Anlagen zum beblätterten Stamm und zur Wurzel als in Bezug auf die Längsaxe des Embryo seitliche Sprossungen die einzig mögliche« [1]). Die spätere Lagenveränderung des Embryos von *Selaginella* kommt natürlich hier nicht in Betracht.

Bemerkenswerth ist auch die Stellung der Seitenwurzel des Embryos, denn diese kommt in einem, nach einer Scheitelansicht aufgenommenen Grundriss der Organe des Embryo's in die gleiche Lage zu den beiden ersten Gabelsprossen, wie die Wurzelträger an den Dichotomien der Zweige unserer Pflanze. Wird nun auch die Wurzel der Keim-Pflänzchen durch die ansehnliche Entwicklung des hypokotylen Gliedes weit von den Dichotomie-Sprossen entfernt, so bietet doch deren relative Stellung eine gewisse Annäherung an die bei älteren Pflanzen zum Vorschein kommenden Verhältnisse. Eine solche Annäherung liegt aber auch in der Theilung der Eizelle, der Urscheitelzelle des Embryo's, durch wechselnd geneigte Wände. Gegen die Auffassung der beiden in der Keim-Mutterzelle abgeschnittenen Stücke als Segmente kann gewiss kein Einwand erhoben werden; denn diese werden nicht nur durch schiefe, nach entgegengesetzter Richtung geneigte Wände abgeschnitten, sondern eine Reihe von Theilungen ist auch in beiden ganz übereinstimmend und findet, der Altersfolge entsprechend, später in dem jüngeren Segmente statt. Endlich entspringt aus jedem Segmente ein Keim-Blatt und eine Hälfte des hypokotylen Gliedes; der Fuss entsteht nur durch Grössenzunahme gewisser aus dem älteren Segment hervorge-

1) Hofmeister, Beiträge etc. in den Abhandl. der K. Sächsischen Ges. d. Wiss. V, 1857, S. 613.

gangener Zellen, von welchen andere auch der Wurzel als Bildungsstätte dienen. Sind aber die in der Keim-Mutterzelle abgeschnittenen Stücke Segmente, so ergibt sich als natürliche Consequenz, dass der Embryoträger aus dem ersten Segment der Eizelle hervorgeht. Pringsheim deutete bereits in seiner meisterhaften Arbeit über *Salvinia* die Eizelle als erste Scheitelzelle des Embryos, eine Auffassung, welche durch die Entwicklung des Keimpflänzchens von *Selaginella*, man kann wohl sagen, zwingend wird. Dieser Anschauung schliessen sich die übrigen Gefäss-Kryptogamen, soweit deren Entwicklung genügend bekannt ist, ungezwungen an. Bei *Marsilia* entspringt dann z. B. die Wurzel und der grössere Theil des Fusses aus dem ersten Segmente; von den vier Wänden, durch welche die Eizelle zunächst getheilt erscheint, ist folglich eine durch intercalare Theilung im ersten Segmente entstanden. Der Viertheilung der Eizelle der *Rhizokarpeen*, der *Equisetaceen* und von *Isoetes* kann ich ein so hohes Gewicht, wie es Hofmeister[1]) thut, nicht beilegen, da eine gleiche Viertheilung wenigstens bei *Selaginella* nicht stattfindet.

Während bei den Gefäss-Kryptogamen das schon in der Eizelle mit den ersten Theilungen begonnene Wachsthum mittelst Scheitelzelle an dem Scheitel der Axe fortdauert, gestalten sich die Verhältnisse wesentlich anders bei den Phanerogamen. Dem Keimlingsanfang dieser kommt zwar auch ein, wenn auch nur sehr beschränktes Wachsthum mit Scheitelzelle zu, welches namentlich bei manchen Monokotylen in die Augen springt, bei welchen von der Endzelle des sich weiter entwickelnden Keimbläschens einige Gliederzellen in gleicher Weise, wie von einem beliebigen Algenfaden abgeschnitten werden[2]). Bei anderen Pflanzen wird der Keimlingsanfang aber auch durch schief gegen einander geneigte Wände getheilt[3]) und dann ist eine gewisse Aehnlichkeit mit den ersten Theilungen in der Eizelle der *Rhizokarpeen* und namentlich der *Selaginellen* nicht zu verkennen. Die Verwandtschaft dieser mit phanerogamen Embryonen ist aber allein auf die

---

1) Hofmeister, Beiträge etc. in Abhandl. d. K. S. Akad. VI, 1857, S. 608.

2) Hanstein, die Entwicklung des Keimes der Monokotylen und Dikotylen 1870, z. B. bei *Nicotiana, Alisma* und *Brachypodium* auf Taf. 5, 8 und 15.

3) Z. B. nach Sachs bei *Allium, Viola, Funkia* in dessen Lehrb. I. Aufl., Fig. 14, 319, 321; nach Hanstein bei *Oenothera,* l. c. Taf. 4, Fig. 14, nach eigenen Beobachtungen bei *Digitalis ferruginea* und *Anemone sylvestris.*

allerersten Entwicklungsstadien beschränkt und wird mit der allseitigen Abscheidung des Dermatogens bei letzteren aufgehoben. In dieser Dermatogen-Bildung und der Art, wie sich die Organe des Embryos differenziren, liegt aber, wie Hanstein in jüngster Zeit gezeigt, der unumstössliche Beweis gegen die Existenz einer oberflächlichen Scheitelzelle und für die eigenmächtige Fortbildung der einzelnen Gewebe-Formen der Phanerogamen, welche der genannte Autor schon früher kennen lehrte[1]). Während bei diesen Dermatogen, Periblem und Plerom allseitig in sich abgeschlossen sind, differenziren sich diese Gewebe-Formen bei den Gefäss-Kryptogamen sowohl am Embryo, als am wachsenden Stamme erst durch entsprechende Theilungen in den Segmenten.

Das Wachsthum der Zweige von Selaginella Martensii.

Bereits im vorigen Abschnitt wurde eine Orientirung über den Vegetationspunkt von *Selaginella* vorausgeschickt. Wir erfuhren dort, dass die Blätter in decussirten Paaren am *punctum vegetationis* entstehen, welches mit einer zweischneidigen Scheitelzelle wächst, deren Segmente abwechselnd einer der schmalen Seiten des elliptischen Querschnittes zugewandt sind (vergl. Taf 6, 5 u. 2a). Es war nun keineswegs meine Absicht, das Wachsthum des Vegetations-Punktes in alle Details zu verfolgen, ich beschränkte mich vielmehr darauf, die ersten Theilungen in den Segmenten und die Art der Verzweigung kennen zu lernen.

Die freie Aussenfläche der zweischneidigen Scheitelzelle hat die Gestalt eines Kugelzweieckes (6, 2a); die beiden Schneiden der Scheitelzelle verlaufen nach Innen zu nur wenig convex gegeneinander gekrümmt und treffen fast rechtwinkelig aufeinander. Man sieht folglich die Scheitelzelle sowohl in einem mit den Seitenwänden parallelen, als in einem zu diesen senkrechten Längsschnitt (6, 1) von dreiseitiger Form, in ersterem Falle aber sind die Schenkel des Dreieckes beinahe rechtwinkelig, in letzterem ziemlich spitzwinkelig

1) Hanstein, Die Scheitel-Zellgruppe im Vegetationspunkt der Phanerogamen 1868.

zu einander geneigt. Durch abwechselnd einer der Seitenflächen parallele Wände werden Segmente als kegelmantelförmige Stücke abgeschnitten (**6**, 1 u. 2a), deren fünf Begrenzungs-Wände ich in gleicher Weise wie Nägeli und Leitgeb bezeichne[1]). Die durch das Wachsthum hervorgebrachten Veränderungen sind die gleichen, wie an den von dreiseitigen Scheitelzellen abgeschnittenen Segmenten, an welchen die bezüglichen Verhältnisse durch die eben genannten Autoren auf das Sorgfältigste erörtert wurden. Die Hauptwände der spitzwinkelig zur Achse geneigten Segmente sind zuerst unter einander parallel, dann divergiren sie nach aussen, um weiterhin senkrecht zur Axe und wieder parallel zu werden (**6**, 1 u. 3a)[2]). Die anfangs zickzackförmig in einander greifenden Seitenwände der Segmente, welche selbst Stücke der scheitelsichtigen Hauptwand des nächst älteren Segmentes sind, werden, wie von Nägeli und Leitgeb ausführlich gezeigt wurde, im Verlaufe des Wachsthums parallel mit der Stammaxe gestellt (**6**, 1).

Die erste im Segment auftretende Wand hat einen ähnlichen Verlauf, wie die von Nägeli und Leitgeb Sextanten-Wand genannte Theilung in den von dreiseitigen Scheitelzellen der Wurzeln der Gefäss-Kryptogamen abgeschnittenen Segmenten, und kann desshalb Quadranten-Wand genannt werden (**6**, 2a u. b, Wand 1). Diese schneidet also beide Hauptwände, ist aber immer, an der Aussenwand des Segmentes betrachtet, einer der Seitenwände genähert, und trifft die fernere Seitenwand, gegen welche sie concav gekrümmt ist, oberhalb der durch das Zusammentreffen beider Seitenwände gebildeten Kante. Die Quadrantenwand kann nach der gleichen, oder auch nach der entgegengesetzten Seite, wie im gegenüberliegenden Segmente gekrümmt sein. Diese Wand trifft man nur selten als einzige Theilungswand im Segmente, denn bald darauf folgt eine zweite, der anderen Seitenwand (an der Aussenwand) genäherte, und nach innen zu die erste Theilung schneidende Wand (**6**, 2a in S^2; 2b, Wand 2)[1]). Nun werden durch

1) Nägeli u. Leitgeb Entstehung und Wachsthum der Wurzeln in Beiträgen zur wiss. Bot., Hft. IV, S. 77.

2) Vergl. auch Leitgeb, Wachsthum des Stämmchens von *Fontinalis antipyretica*, Separtabzg. aus d. LVII. Bd. d. Sitzb. d. K. K. Akad. d. Wiss. 1868. S. 4.

1) Hofmeister gibt die Wandfolge in den Segmenten abweichend an. In

zwei, je eine der beschriebenen Theilungen und eine Seitenwand schneidende, der Aussenfläche des Segmentes parallele Theilungen die Mutterzellen des Cambiums abgeschnitten (**6**, 1 u. 2b, Wände 3); ein Segment besteht also jetzt aus zwei inneren und drei äusseren Zellen. Die auf dem Rücken des Segmentes liegende äussere Zelle zerfällt dann durch eine den Hauptwänden parallele Theilung in zwei Zellen (**6**, 2a in S^2), und in gleicher Weise werden bald nachher auch die seitlichen Zellen des Segmentes getheilt. Jetzt, oder nachdem die Anzahl der Zellen noch durch zwei bis drei radiale Längstheilungen vermehrt wurde, wird eine jede der äusseren Zellen durch eine tangentiale Längswand gespalten (**6**, 1 in S^4). Diese Längswände trennen aber noch nicht die Epidermis ab, da die der Aussenfläche angrenzenden Zellen noch einmal, wohl auch mehrmals durch tangentiale Wände getheilt werden (vergl. **6**, 1), und kein Grund vorliegt, eine mehrschichtige Epidermis anzunehmen. Demnächst werden alle das Cambium umgebenden Zellen einmal quer getheilt (**6**, 1 in S^3). Die Mutterzellen des Cambiums werden zuerst durch eine oder zwei Längswände, dann durch je eine Querwand getheilt (**6**, 1 in S^4 und S^3). Weiter die Gewebebildung zu verfolgen lag nicht in meiner Absicht.

---

den Zusätzen und Berichtigungen (Jahrb. f. wiss. Bot. III, S. 291) heisst es wörtlich: »Die Zelle zweiten Grades, welche von der den Gipfel der Knospe einnehmenden Zelle ersten Grades durch Auftreten einer den Seitenflächen dieser keilförmigen Zelle parallelen Schrägwand abgeschieden wurde, theilt sich, wie bereits angegeben (vergl. Unters. S. 112) durch eine gegen eine der breiten Seiten des Stengels geneigte Wand in zwei ungleiche Hälften. Jede derselben wird durch eine Längswand, welche gegen die letztentstandene Wand concav ist, und die Gränzwand der aus Vermehrung der nächstjüngeren Zelle zweiten Grades hervorgegangenen Nachbarzelle schneidet, in eine der schmalen und eine der breiten Seiten der Stengels zugewendete Zelle getheilt. Die erstere ist ein vierseitiges, die zweite ein dreiseitiges Prisma mit gekrümmten Seitenflächen: jene, die vierseitige Tochterzelle, theilt sich darauf durch eine der Längsaxe parallele Wand in eine innere und äussere Zelle. In der äusseren Zelle tritt eine die Aussenfläche schneidende Längswand auf. So kommt die Anordnung der Zellen des Stengelendes in vier axile, und einen Kranz von zwölf peripherischen Zellen zu Stande, welche man auf Querschnitten dicht unter dem Knospenende bemerkt.«

Etwa in der Höhe des vierten und fünften Segmentes, von der Scheitelzelle abwärts gezählt, entspringen gleichzeitig die beiden Blätter eines Paares an den bereits früher näher bezeichneten Partien des elliptischen Querschnittes des Vegetations-Punctes. Zwei opponirte Zonen von Zellen, deren jede fast ein Viertel des Stengelumfanges einnimmt, wölben sich gleichzeitig nach Aussen und werden dann durch eine schief geneigte Wand getheilt, welche übrigens nicht immer der Scheitelzelle abgewandt ist, wie es Hofmeister angibt, sondern auch derselben zugewandt sein kann. Die Scheitelzellreihe arbeitet nun mit abwechselnd schief zu einander geneigten Wänden (**6**, 1 bei Fl.), während durch zu diesen senkrechte Theilungen die Zahl der Wandscheitelzellen vermehrt wird. Uebrigens verweise ich in Betreff der weiteren Ausbildung des Blattes, wie auch der Entstehung der Ligula, des Nebenblattes Hofmeister's, auf die ausführliche Darstellung des eben genannten Forschers [1]).

Die auf gleicher Höhe entspringenden Blätter eines Paares müssen jedenfalls aus ungleich hohen Zonen zweier gegenüberliegender Segmente ihren Ursprung nehmen, denn eine Verschiebung der Segmente, wie sie Rees [2]) für *Equisetum* angibt, findet bei *Selaginella* nicht statt. Eine weitere Frage wäre es, ob aus jedem Segmente immer nur ein oder mehrere Blätter hervorgehen, in welchem letzteren Fall freilich sicher nicht mehr als zwei, d. h. ein Ober- und Unterblatt gebildet werden können, wenn wenigstens die Segmente bei der Blattbildung sich gleichartig verhalten. Nach directer Beobachtung vermag ich hier nun nichts zu entscheiden, da das Intercalar-Wachsthum der Seg-

---

1) Hofmeister, Vergl. Unters., S. 113. — Ich mache hier auf einen Unterschied in der Ausbildung der Blattseiten aufmerksam. Bei *Selaginellen* mit zweizeiliger Blattstellung wenden bekanntlich die Unterblätter ihre obere, die Oberblätter ihre untere Seite dem Lichte zu. Bei *Selaginella Martensii* und ebenso *lepidophylla* und *cuspidata* sind am Unterblatt die Zellen der Unterseite lang gestreckt und schmal, die der Oberseite quadratisch, während bei den Oberblättern gerade das Umgekehrte der Fall ist; bei *Selaginella Kraussiana* hingegen sind, namentlich am Oberblatt, die Zellen beider Blattflächen gleichgestaltet und langgestreckt. Bei allen genannten Arten finden sich Spaltöffnungen nur zu beiden Seiten der Mittelrippe auf der Unterseite der Blätter.

2) Rees, in Pringsheims Jahrb. f. wiss. Bot., VI, S. 216 ff.

mente, ehe Blätter entstehen, zu weit fortgeschritten ist, und die Grenzen der Segmente desshalb fast immer nicht mehr mit genügender Sicherheit festzustellen sind. Nach einer indirecten Methode ist es indess nicht unwahrscheinlich, dass aus jedem Segment zwei Blätter entstehen können.

An jedem Podium von *Selaginella Martensii*, wenigstens an den in meine Hände gekommenen Exemplaren, fanden sich fast ausnahmslos acht Blattpaare, und wenn es also gelang, an einem eben wieder dichotomirten Gabelspross die Anzahl der bereits gebildeten Blattpaare, wie auch die Zahl der Segmente über der jüngsten Blattanlage, welche vor der Gabelung abgeschnitten wurden, genau zu bestimmen, so war ein Urtheil über die oben angeregten Fragen unter Umständen möglich. Indess stiess ich doch auf mancherlei Schwierigkeiten, und so kann ich nur das bestimmt sagen, dass in den beobachteten Fällen aus den über den jüngsten Blattanlagen liegenden Segmenten jedenfalls mehr als eine gleiche Anzahl von Blättern hervorgehen musste, wenn das Podium späterhin acht Blattpaare tragen sollte.

Die Gabelung des Stammendes geschieht, indem in einem von der zweiseitigen Scheitelzelle abgeschnittenen Segmente durch eine gegen jene convexe, die grundsichtige Hauptwand des Segmentes schneidende Wand eine zweite Scheitelzelle gebildet wird (**6**, 3a u. 3b). Bei der raschen Grössenzunahme des Segmentes werden dessen Hauptwände nach Aussen stark divergent, der Vegetations-Punkt nimmt aber eine spatelförmige Gestalt an, und auch die primäre Scheitelzelle erscheint nun seitlich gerückt (**6**, 3a u. 4). Da nun keine der bisherigen Scheitelzellen die ursprüngliche Wachsthumsrichtung fortsetzt, so haben wir, ebenso wie am Embryo, einen Fall echter Gabelung vorliegen[1]). Das die beiden Scheitelzellen trennende, sich schnell vergrössernde Segmentstück, welches in rascher Aufeinanderfolge eine Anzahl von Theilungen durch radial und tangential gestellte Wände erleidet, erblickt man bald als eine Einbuchtung (**6**, 4). Die beiden Scheitelzellen wölben sich nämlich hervor, und schneiden, durch wechselnd nach zwei

1) Den mittlerweile von Rohrbach (Beitrg. z. Kenntniss einiger Hydrocharideen 1871, S. 15 ff.) ausgesprochenen Ansichten über Dichotomie kann ich mich nicht anschliessen. Uebrigens wird die Gabelung bei *Selaginella* nicht durch eine in der Scheitelzelle auftretende vertikale Wand eingeleitet und der auf diese gebauten Discussion fehlt somit der Boden.

Richtungen geneigte Wände Segmente ab, von welchen das erste immer von der anderen Scheitelzelle abgewandt war (**6**, 4). In dem in Fig. 3a (Taf. **6**) abgebildeten Präparate war von der primären Scheitelzelle bereits ein weiteres Segment abgetrennt, ehe in der secundären Scheitelzelle ein solches gebildet war; dieser Altersunterschied scheint indess zunächst immer schnell ausgeglichen zu werden, wenn auch bald wieder einer der Gabelsprosse in der Entwicklung vorauseilt.

Bei *Selaginella Martensii* habe ich die Gabelung immer in der beschriebenen Weise entstehen sehen, nie traf ich zu den Seitenwänden der Scheitelzelle senkrechte Theilungen, welche nach Hofmeister[1]) der Dichotomirung des Stammendes von *Selaginella* vorausgehen sollen. Eine solche Formänderung der Scheitelzelle war auch bei *Selaginella Kraussiana* nicht zu finden, bei welcher Art die Gabelung freilich auch in anderer Weise als bei *Selaginella Martensii* stattfinden dürfte. Nach meinen beiläufigen Beobachtungen wäre es nicht unmöglich, dass bei der zuerst genannten Art die primäre Scheitelzelle auch ihre Thätigkeit ganz einstellen kann, während in zwei rechts und links von derselben liegenden Segmenten Scheitelzellen gebildet werden, welche sich zu Gabelsprossen weiter entwickeln. Die Entscheidung hierüber, wie auch, ob nicht gar bei *Selaginella Kraussiana* noch andere Variationen in der Art der Gabelung vorkommen, muss ich ferneren Untersuchungen überlassen; jedenfalls wäre es von hohem Interesse, sicher zu stellen, ob bei verschiedenen Species der Gattung *Selaginella* die Art und Weise der Dichotomirung verschieden sein kann. Eine andere Variation, nämlich die abweichende Lagerung der Primordial-Zellen und der sterilen Zelle in der kleinen Spore von *Selaginella Kraussiana* einerseits und *Selaginella Martensii* und *caulescens* andererseits, wurde bereits früher beschrieben.

Der Dichotomirung der Zweige geht nicht, wie der des Embryos, eine Reihe die Form der Scheitelzelle verändernder Theilungen voraus, die Gabelung kommt aber bei beiden darin überein, dass in einem von der Scheitelzelle abgetrennten Segmente eine zweite Scheitelzelle durch eine von der primären abgewandte Wand gebildet wird, und keine der beiden neuen Scheitelzellen die ursprüngliche Wachsthumsrichtung fortsetzt (vergl. **4**, 2c mit **6**, 3a u. 4). Die Richtung aber, nach welcher

1) Hofmeister, Jahrb. für wiss. Bot. III, S. 292.

die Auszweigung erfolgt, ist an den Zweigen eine andere als am Embryo, denn bei jenen steht die Gabelungs-Ebene senkrecht auf den Seitenwänden der Scheitelzelle (**6**, 3 b), bei diesem ist sie parallel mit den Seitenwänden der ursprünglichen zweischneidigen Scheitelzelle (**4**, 2 u. 3 u. das Diagramm Fig. 7 auf Taf. **5** und die Figurenerklärung). Bei den Zweigen fällt folglich die Dichotomirungs-Ebene mit dem Medianschnitt beider Scheitelzellen zusammen, während sie am Embryo durch die Schneiden der zweiseitigen Scheitelzellen geht, sowohl derjenigen, mit welchen die beiden Gabelsprosse wachsen, als der, mit welcher der Embryo einst abschloss. Bei einer solchen relativen Lage dieser zweischneidigen Scheitelzellen und der angegebenen Richtung der Dichotomirungs-Ebene ist es nun geradezu unmöglich, dass eine Gabelung in der ursprünglichen zweischneidigen Scheitelzelle des Embryos ohne vorherige Formänderung stattfinden kann (vergl. die citirten Fig. und das Diagramm). Die bezüglichen Theilungen stehen desshalb in inniger Beziehung zu den Symmetrie-Verhältnissen, und sind nothwendig, um die Gabelung des Embryos in der fest bestimmten, zu dem Medianschnitt der Keimblätter senkrechten Ebene zu gestatten [1]).

Die angegebene relative Lage der zweischneidigen Scheitelzellen wird an den Dichotomie-Sprossen verändert. Indem diese weiter hervorwachsen, stellen sie sich zunächst in einen fast rechten Winkel auf die Längsachse des hypokotylen Gliedes, so zwar, dass Ober- und Unterseite derselben genau zenith-wärts und erdwärts gewandt sind (**5**, **6**). Da nun die Orientirung dieser beiden Seiten und ebenso Lage und

1) Nach Hofmeister (Beiträge etc. 1857, S. 619) ist bei *Pteris* die zweischneidige Scheitelzelle an den heranwachsenden Pflänzchen mit der Lage der Scheitelzelle am Embryo gekreuzt; gleiches findet nach Pringsheim (Jahrb. f. wiss. Bot. III, S. 533) auch bei *Salvinia* statt. Beide Autoren nehmen eine Drehung der Axe an, indess sind schlagende Argumente nicht dafür beigebracht, und es wäre auch denkbar, dass die Lagenveränderung der Scheitelzelle durch zu den Hauptwänden dieser senkrechte Theilungen zu Stande käme. — Die jungen Pflänzchen von *Schistostega* und *Fissidens* wachsen nach Hofmeister mit einer dreischneidigen Scheitelzelle, während an älteren Pflänzchen die Scheitelzelle zweischneidig ist (Jahrb. f. wiss. Bot. III, S. 275 und Pflanzenzelle, S. 141; vgl. auch Lorentz in Moos-Studien, 1864, S. 4); bei *Polypodium vulgare* findet sich nach Hofmeister (Beiträge in d. Abhd. d. K. Sächs. Akad., 1857, S. 652) bald eine drei-, bald eine zweischneidige Scheitelzelle.

Fortbildung der Scheitelzellen an den Dichotomie-Sprossen eine ganz gleiche wie an den Zweigen ist, so werden zwar jetzt die beiden Schneiden der zweiseitigen Scheitelzelle, mit welcher einst der Embryo abschloss und mit welcher ein jeder Gabelspross weiter wächst, von derselben Ebene durchschnitten, die Median-Ebenen dieser Scheitelzellen treffen aber ungefähr rechtwinkelig aufeinander. Später richten sich die Gabelsprosse schräg aufwärts, und führen bei einseitiger Beleuchtung zugleich eine solche Drehung aus, dass die Ober- und Unterseite trennende Ebene annähernd senkrecht gegen das schief einfallende Licht zu stehen kommt, eine Drehung, welche, wie die gleichzeitige Lagenveränderung der Blätter zeigt, in den Internodien ausgeführt wird und selbst bis zu 90 Grad gesteigert werden kann. In diesem Falle werden also Ebenen, welche durch die Schneiden der zweiseitigen Scheitelzellen gelegt werden, mit welcher der Embryo einst abschloss und mit welcher ein jeder Gabelspross wächst, rechtwinkelig auf einander treffen.

Bekanntlich bildet *Selaginella Martensii*, wie viele Arten der Gattung, durch stärkere Entwicklung eines abwechselnd rechts und links gelegenen Gabelsprosses eine Scheinaxe aus. Es war nun eine naheliegende Frage, ob jedesmal der aus der primären Scheitelzelle hervorgegangene, oder ob bald der eine, bald der andere Dichotomie-Spross zum Aufbau der Scheinaxe verwandt werde. Wenn nun auch schon vor einer weiteren Gabelung der die Scheinaxe fortsetzende Spross durch seine vorausgeeilte Entwicklung erkannt werden kann, so ist es doch zu dieser Zeit längst unmöglich, die Gabelsprosse bis auf ihren Ursprung aus der primären oder secundären Scheitelzelle zurückzuführen. Dadurch aber, dass die Scheinaxe constant durch einen abwechselnd links und rechts gelegenen Gabelspross fortgesetzt, und dieser schon vor seiner Dichotomirung durch die vorausgeeilte Entwicklung kenntlich wird, ist die Möglichkeit gegeben, die eben gestellten Fragen auf indirectem Wege zu beantworten; denn es ist nur nöthig festzustellen, ob die neugebildete Scheitelzelle an dem stärkeren Gabelspross dem schwächeren Dichotomie-Spross immer zu oder abgewandt liegt. Es kommt nun aber beides, wie die Beobachtung lehrte, vor, und daraus folgt, dass bald die primäre, bald die secundäre Scheitelzelle das Podium der Scheinaxe bildet; eine echte Dichotomie liegt aber in beiden Fällen vor, da keine der beiden jugendlichen Gabelsprosse die bisherige Wachsthumsrichtung fortsetzt. Ich bemerke hier noch, dass ich auch die Möglichkeit ins Auge fasste, dass sich vielleicht eine in einem Segment gebildete Scheitelzelle nicht weiter entwickle, eine solche Annahme indess, wenigstens für *Selaginella Martensii*, nach meinen Beobachtungen negiren muss.

Wie schon gesagt, entspringen an jedem Podium von *Selaginella Martensii* acht Blattpaare, welche sämmtlich in der früher angegebenen Weise am Stengel inserirt sind. Die Unterblätter stehen nach zwei Seiten ab, nur das oberste eines jeden Fussstückes bildet mit der Längsaxe dieses einen sehr spitzen Winkel, und kommt hierdurch so zu liegen, dass die Längsaxe des Blattes den Winkel halbirt, welchen das nächst höhere Fussstück der Scheinaxe mit dem schwächer entwickelten Gabelspross bildet. Diese Richtung des Blattes dürfte wohl dem Bestreben entsprungen sein, sich möglichst günstig zum Lichte zu stellen, welchem Bestreben in der That durch die fragliche Stellung genügt wird.

An den beiden Gabelsprossen, welche der Embryo entwickelt, sind die drei oder vier ersten Blätter etwas abweichend gestellt und erscheinen viel näher unter der Scheitelzelle als an den Zweigen (4, 4 Fl.). Zuerst entsteht, übrigens in gleicher Weise wie an Zweigen, ein isolirtes Unterblatt (5, 6, Blatt 1), auf welches etwas später und an einem etwas höher gelegenen Querschnitt ein jenes zu einem Paare ergänzendes Oberblatt (Blatt 2) folgt. An den beiden Gabelsprossen, von welchen einer zuweilen verkümmert, sind diese Blätter nach entgegengesetzten Seiten gestellt (5, 6 und das Diagramm Fig. 7). Nach jenen beiden Blättern wird nun ein mit denselben decussirtes aber höher stehendes Unterblatt gebildet (Fig. 6 Blatt 3) und dann begann an der Mehrzahl der von mir erzogenen Keimpflänzchen die normale Blattstellung, und zwar stand das Unterblatt des ersten Paares über dem erstgebildeten Unterblatt der Dichotomie-Sprosse (die rechts gelegenen in Fig. 6 u. 7), an anderen Gabelzweigen aber wurde zuvor noch ein das zweite Unterblatt zu einem Paare ergänzendes, aber höher entspringendes Oberblatt gebildet (Fig. 6 u. 7 links, Blatt 4). Die weitere Entwicklung der Gabelsprosse des Embryos geschieht in gleicher Weise, wie die älterer Zweige, nur findet oft schon frühzeitiger Dichotomirung statt, so dass man nicht selten das erste und wohl auch die nächstfolgenden Fussstücke mit weniger als acht Blattpaaren besetzt findet.

Zum Schluss stelle ich die hauptsächlichsten Ergebnisse nochmals kurz zusammen.

Hauptsächliche Ergebnisse.

Die Mikrosporen von Selaginella caulescens und Martensii betreffend.

Die reifen Mikroporen enthalten eine kleine, durch Cellulosemembran abgegrenzte, steril bleibende Zelle, ein rudimentäres männliches Prothallium, der übrige Sporenraum aber ist das Aequivalent eines Antheridiums. In diesem finden sich meist 6 oder 8, als Minimum 4, als Maximum 11 Primordialzellen.

In sämmtlichen Primordial-Zellen entstehen, ohne dass diese zuvor resorbirt werden, durch succedane Zertheilung die Mutter-Zellen der Spermatozoiden.

Die Spermatozoid-Mutterzellen trennen sich von einander, und umkleiden sich mit einer festen Membran, nachdem der Zellkern verschwunden ist, und ein oder einige Stärkekörnchen gebildet sind. Mittlerweile hat auch die Trennung des Inhalts der Mutter-Zellen in eine centrale Vacuole und ein Wandprotoplasma begonnen, aus welchem letzteren, gleichsam durch ein Zerfallen, der Samenfaden gebildet wird.

Bei der Entleerung der Spore sind die Samenfäden meist noch in ihren Mutter-Zellen eingeschlossen, diese lösen sich aber bald, in Wasser liegend, auf, während das Spermatozoid schnell davon eilt.

Der schmal-cylindrische Körper der Samenfäden gabelt sich am vorderen Ende in zwei lange, sehr zarte Wimpern. Nicht selten haftet dem hinteren Ende des Samenfadens ein Bläschen an, die Vacuole um welche sich jener bildete; in einzelnen Fällen findet man auch dem hinteren Ende eine grössere Blase, die nicht resorbirte Mutter-Zelle, anhängend.

Ueber die Weiterentwicklung der grossen Sporen von Selaginella Martensii.

Unter dem Scheitel der reifen Sporen liegt das menisken-förmige, in der Mitte mehrschichtige Prothallium, dessen völlig endogene Bildung schon begann, während die Sporen in Verbindung mit der Mutterpflanze heranreiften.

Die Bildung der Archegonien beginnt schon vor dem Aufreissen des Exospors. Das erste Archegonium nimmt auf dem Scheitel seinen Ursprung, die Entstehungsfolge der übrigen ist eine rein centrifugale, die von den drei Klappen des Exospors bedeckten Partien des Prothalliums bleiben aber fast ausnahmslos frei von Archegonien. Durch die Befruchtung einer Eizelle wird weder Entwicklung und Neubildung, noch die Befruchtung anderer Archegonien gehemmt.

Die Archegonien nehmen aus oberflächlichen Zellen des Prothalliums ihren Ursprung, welche, wie übrigens auch die nicht Archegonien bildenden Zellen, in eine innere und äussere Zelle zerfallen. Letztere werden zu den acht, zu je zweien übereinandergestellten Hals-Zellen, der Inhalt der unteren Zelle, der Centralzelle, aber zerfällt in Kanalzelle und Befruchtungskugel.

Die Kanalzelle, welche sich in den durch das Auseinanderweichen der axilen Berührungskante der Halszellen gebildeten Intercellular-Raum drängt, entleert beim Aufreissen des Halskanales stossweise ihre Inhalts-Masse, welche das Eindringen der Spermatozoiden in der von Strasburger nachgewiesenen Weise veranlasst. Die Befruchtungs-Kugel füllt zu dieser Zeit die Centralzelle fast völlig aus, und lässt unterhalb des Hals-Kanales einen Empfängnissfleck oder Keimfleck erkennen.

Etwa gleichzeitig mit den ersten zu den Archegonien führenden Theilungsschritten beginnt unterhalb des das Prothallium gegen den Sporenraum abschliessenden Diaphragmas durch freie Zellbildung die Entstehung des Endosperms, welches endlich die Spore ganz erfüllen kann.

Die Entwicklung des Embryos von Selaginella Martensii.

Die Befruchtungskugel umkleidet sich nach der Befruchtung mit einer Cellulosemembran und wird weiterhin durch eine zur Archegoniumaxe senkrechte oder wenig geneigte Wand in zwei gleich grosse Hälften getheilt.

Aus der oberen Zelle geht durch ansehnliche Längsstreckung der Embryoträger hervor, welcher aber selten eine einfache Zelle bleibt, sondern meist im unteren Theil vereinzelte oder zahlreiche Theilungen erfährt; selten werden auch im oberen Theil des Aufhängefadens vereinzelte Querwände gefunden.

Der Embryoträger entsteht aus dem ersten in der Eizelle abgetrennten Segment, die untere Zelle, die Scheitelzelle, ist die Mutterzelle des eigentlichen Embryos.

Durch die Streckung des Aufhängefadens wird die Keim-Mutterzelle unter Compression und Resorption der betreffenden Zellen in das Endosperm geführt, in welchem sich der Embryo weiter entwickelt. Die ersten Theilungen treten aber in der Keim-Mutterzelle schon während der Streckung des Aufhängefadens auf.

In der Keim-Mutterzelle werden durch zwei zur Längsaxe und gegen einander schief geneigte Wände zwei Segmente abgeschnitten. Aus jedem Segmente geht ein Keimblatt und eine Hälfte des hypokotylen Gliedes hervor, aus dem älteren Segmente nehmen ausserdem Fuss und Wurzel ihren Ursprung. Zwischen beiden Segmenten liegt die zweischneidige Scheitelzelle des Embryos.

Die ersten Theilungen sind in beiden Segmenten der Keim-Mutterzelle die gleichen, finden aber früher in dem älteren Segmente statt. Das Segment zerfällt zuerst durch eine zu den Hauptwänden senkrechte Wand in zwei gleiche Hälften, in welchen dann durch gleichsinnige Theilungen ein zweizelliger der scheitelsichtigen Hauptwand (der Seitenwand der zweischneidigen Scheitelzelle) angrenzender Complex abgetrennt wird. Dieser, die Anlage je eines Keimblattes, wird durch zwei Theilungen zu vier serial angeordneten Zellen und jetzt oder nachdem die Anzahl der aneinander gereihten Zellen auf 5 oder 6 vermehrt ist, tritt in den mittleren Zellen eine schiefe, gegen die Scheitelzelle des Embryos convexe Wand auf. Durch wechselnd abwärts und aufwärts geneigte Wände und Theilungen senkrecht zu diesen, durch welche die Zahl der marginalen Scheitelzellen vermehrt wird, wächst das Keimblatt, wie ein Stengelblatt, weiter.

Der übrige Theil eines jeden Segmentes zerfällt zunächst in 4 äussere und 2 innere Zellen. Diese sind die Mutter-Zellen des Procambiums, jene werden in beiden Segmenten zunächst in obere und untere, dann in äussere und innere Zellen getheilt, worauf im älteren Segmente lebhaftere Quertheilung in diesen beiden Zellschichten anhebt.

Die Mutterzellen des Procambiums werden zuerst je durch eine quere, dann durch eine longitudinale Wand getheilt, worauf unterhalb des Aufhängefadens isodiametrische Zellen abgeschnitten werden, aus deren Vermehrung die wenigen Zelllagen hervorgehen, welche am weiter entwickelten Embryo Cambium, resp. Gefässbündel und Aufhängefaden von einander trennen.

Von der vermehrten Zahl der das Procambium umgebenden Zellen im älteren Segmente liefern die den Keimblättern nächsten die eine Hälfte vom Rindengewebe des hypokotylen Gliedes, die dem Aufhängefaden angrenzenden dienen der Seitenwurzel als Bildungsstätte, und die zwischenliegenden Zellen bilden den Fuss. — Aus den entsprechenden Zellen des jüngeren Segmentes entsteht nur das Rindengewebe der anderen Hälfte des hypokotylen Gliedes.

Die zum Fuss werdenden Zellen zerfallen durch tangentiale Theilung der inneren Zellen in drei oder vier Schichten, Theilungen, welche sich aber auch bald bis an den Aufhängefaden und das Keimblatt fortsetzen. Durch die allseitige gewaltige Ausdehnung der Zellen des Fusses wird das sich selbst nicht krümmende hypokotyle Glied zur Seite gedrängt, um die Kante, welche durch das Zusammentreffen des aus dem jüngsten Segment hervorgegangenen Zellcomplexes mit dem Aufhängefaden gebildet wird, gleichsam als Angelpunkt herumgeführt. Der stets nur wenig von einem gestreckten abweichende Winkel, welchen die Längsaxe des Aufhängefadens und der Keim-Mutterzelle miteinander bilden, wird hierbei immer kleiner, endlich ein rechter und bei den meisten Embryonen sogar ein spitzer Winkel. In den meisten Fällen ist die Verschiebung eine solche, dass alle Organe des Embryos (auch die Wurzel) eine gemeinschaftliche Median-Ebene besitzen.

Die Seitenwurzel entspringt aus den schon näher bezeichneten Zellen des älteren Segmentes der Keim-Mutterzelle. Aus oberflächlichen Zellen geht die erste Wurzelkappe hervor, aus einer der nächst inneren Schicht angehörigen, zuvor durch nichts ausgezeichneten Zelle entsteht die durch schief zu einander geneigte Wände Segmente abschneidende Scheitelzelle und aus einigen zwischen dieser und dem Cambium des hypokotylen Gliedes liegenden Zellen wird ein Verbindungs-Cambium gebildet.

Die ersten Theilungen für das Verbindungs-Cambium geschehen, noch ehe eine Wurzelscheitelzelle zu erkennen ist, noch früher aber werden zuweilen die mittleren der zur ersten Wurzelkappe werdenden Zellen tangential gespalten, meist freilich erfolgt eine solche Theilung in diesen unmittelbar nach Bildung der Wurzelscheitelzelle, seltener erst später.

Diese erste Wurzelkappe wird erst während des Hervorwachsens der Wurzel durch entsprechendes Schiefwerden einer Zone von Querwänden abgegrenzt. Die folgenden Wurzelkappen gehen aus primären, von der Scheitelzelle abgeschnittenen Kappenzellen hervor.

Die Scheitelzelle des Embryos wird gleich nach Anlage der beiden Keimblätter durch entsprechende schief zu einander geneigte Wände in eine vierseitige Scheitelzelle übergeführt, deren Segmente decussirt, nicht spiralig folgen. In dem fünften oder sechsten Segmente wird durch eine gegen die Scheitelzelle convexe Wand eine zweite vierseitige Scheitelzelle formirt. Eine die beiden Scheitelzellen durchschneidende Längsebene steht senkrecht auf der gemeinschaftlichen Medianebene der Keimblätter und der ursprünglichen zweischneidigen Scheitelzelle; keine der beiden Scheitelzellen setzt aber die ursprüngliche Wachsthumsrichtung fort.

Zunächst erfolgen in den beiden vierseitigen Scheitelzellen noch einige den Seitenwänden parallele Theilungen, an den heranwachsenden Gabelsprossen aber werden jene in nicht näher bekannter Weise in zweischneidige Scheitelzellen verwandelt. Die Seitenwände dieser sind den Seitenwänden der zweiseitigen Scheitelzelle parallel, mit welcher einst der Embryo abschloss; diese relative Lage wird aber späterhin in Folge einer in den Internodien der Gabelsprosse stattfindenden Drehung verändert.

Die ersten 3 oder 4 Blätter der Gabelsprosse entspringen an ungleich hohen Querschnitten. Das erste Blatt ist ein Unterblatt, das zweite ein dieses zu einem Paare ergänzendes Oberblatt; nun kommt ein Unterblatt, auf welches entweder direct, oder nachdem zuvor ein ergänzendes Oberblatt gebildet wurde, decussirte Blattpaare folgen, deren beide Blätter, wie an den Zweigen, simultan entspringen und an demselben Querschnitt inserirt sind. Alle Blätter sind übrigens so gestellt, dass die Medianebenen der Paare, resp. der Unterblätter rechtwinklig zu einander stehen und die Winkel halbiren, welche grosse und kleine Axe des elliptischen Querschnitts mit einander bilden.

Die Anlage aller Organe und die Dichotomirung findet immer vor dem Hervorbrechen des Embryos statt, welcher zu allen Zeiten lose in dem die Spore erfüllenden Gewebe liegt.

Das Hervorbrechen des Embryos wird vorherrschend durch Längsdehnung der Zellen des hypokotylen Gliedes und der Wurzel veranlasst. Durch den immer eingeschlossen bleibenden Fuss werden dem Embryo die in der Spore aufgespeicherten Reservestoffe, namentlich aus Fett bestehend, zugeführt; Stärke wird dabei nicht gebildet.

Ueber das Wachsthum der Zweige.

Der Stammscheitel wächst mit einer zweischneidigen Scheitelzelle, von welcher durch abwechselnd einer der Seitenwände parallele Theilungen Segmente abgetrennt werden. Die Seitenwände der Scheitelzelle und Segmente sind den schmalen Seiten der Ellipse zugewandt, als welche ein Querschnitt des Vegetationspunktes erscheint.

Die erste Theilung in einem Segment geschieht durch eine Quadrantenwand, dann folgt eine diese schneidende Wand, worauf durch tangentiale Wände die beiden Mutterzellen des Cambiums abgeschieden werden. Die peripherischen Zellen werden meist zunächst durch eine den Hauptwänden parallele Theilung zerlegt; die erste Tangentialwand, welche in den peripherischen Zellen auftritt, trennt noch nicht Rinde und Epidermis von einander.

Die beiden Blätter eines Paares entspringen in der schon bezeichneten Lage, gewöhnlich in der Höhe des vierten und fünften Segmentes, von der Scheitelzelle abwärts gezählt. Je eine fast ein Viertel des Stengelumfanges einnehmende Zone von Zellen wölbt sich hervor, worauf in diesen die Theilung durch schiefe, wechselnd auf- und abwärts geneigte Wände beginnt. Die Zahl der marginalen Scheitelzellen wird durch zu den Seitenwänden senkrechte Theilungen vermehrt.

Die Dichotomirung geschieht, indem in einem Segmente eine zweite zweischneidige Scheitelzelle durch eine die grundsichtige Hauptwand des Segmentes schneidende Wand gebildet wird. Von keiner der beiden Scheitelzellen wird die bisherige Wachsthumsrichtung fortgesetzt.

Die Fussstücke der Gabelsprosse können sowohl aus den durch die Thätigkeit der primären als der secundären Scheitelzelle hervorgehenden Gabelsprossen aufgebaut werden.

Ueber die Umwandlung von Wurzelträgern in beblätterte Sprosse.

An Zweigen von *Selaginella inaequalifolia*, welche ich aus dem botanischen Garten zu Bonn erhielt, fanden sich in manchen Dichotomie-Winkeln kleine beblätterte Sprosse, welche, wie es die Untersuchung ergab, die Stelle von Wurzelträgern einnahmen.[1] Einmal aufmerksam gemacht, traf ich bei Durchsicht der *Selaginellen* des Würzburger Gartens gleiche Sprosse bei *Selaginella Martensii*, und es ist wohl anzunehmen, dass sich dieselben bei Durchmusterung eines reicheren Materials, als es mir zu Gebote stand, noch häufiger finden werden.

Bei *Selaginella Martensii* und ebenso bei *S. inaequalifolia* wird auf der Ober- und Unterseite eines jeden Gabelungswinkels ein Wurzelträger angelegt. Nicht selten entwickelt sich indess nur eine oder keine dieser Anlagen weiter, welche man dann aber immer als kleine Höcker, in welche ein Gefässbündel ausbiegt, erkennen kann (**6**, 6 Wt.). Ein senkrecht zur Verzweigungsebene des Stengels durch einen Dichotomie-Winkel geführter Längsschnitt durchschneidet beide Wurzelträger, und man erblickt nun den Fibrovasalstrang eines jeden der beiden, sei es der entwickelten oder der Anlage nach vorhandenen Wurzelträger (**6**, 6).

Die beiden Gefässstränge wenden sich, wie Nägeli und Leitgeb[2]) zeigten, bogenförmig nach Innen, vereinigen sich in der Mitte des Stämmchens und verlaufen parallel mit der Längsachse dieses bis zum Gabelungswinkel des Gefässcylinders des Podiums, um sich dessen beiden in die Dichotomie-Sprosse abgehenden Aesten anzuschliessen (**6**, 6).

Ein ganz gleicher Verlauf der Gefässstränge fand sich aber auch, wenn an den Gabelungswinkeln beblätterte Sprosse standen, und die jüngsten Entwicklungsstufen, welche ich auffand, sind völlig be-

---

1) Beblätterte Sprosse (Adventivsprosse) entstehen nach Hofmeister (Vergleichende Untersuchungen S. 117) in den Winkeln, welche die in die Blätter sich abzweigenden Gefässbündel mit den Gefässbündeln des Stengels bilden, wenn Bruchstücke des Stengels von *Selaginellen* auf lockerem Boden feucht und warm gehalten werden.

2) Nägeli und Leitgeb, Beiträge zur wissenschaftlichen Botanik Heft IV, S. 127, Tafel **18**, Figur 10.

weisend, dass hier in der That eine Metamorphose der Wurzelträger vorliegt. An dem in Fig. 7 (Taf. **6**) abgebildeten Präparate war nur der auf der Unterseite entspringende Wurzelträger in einen beblätterten Spross verwandelt, die Anlage des andern Wurzelträgers aber als ein kleiner Höcker vorhanden (Wt. o); die beiden Gefässbündel sieht man aber in gleicher Weise zusammenschliessen, wie es der Fall ist, wenn beide Wurzelträger vorhanden sind. Zwischen dem der Anlage nach vorhandenen und dem metamorphosirten Wurzelträger erblickt man als sanften Hügel das Stück des Gabelungswinkels, durch welches sonst die beiden Wurzelträger getrennt werden (**6**, 7 und 6 bei X). Die Mitte dieses Hügels fällt aber, wenn auch beide Wurzelträger normal entwickelt sind, nicht mit der Mitte des Gabelungswinkels zusammen, da der obere Wurzelträger immer etwas mehr entfernt von diesem als der untere entspringt (**6**, 6 bei Wt. u und Wt. o); in unserem Präparat musste aber das fragliche Trennungsstück völlig auf die Oberseite zu liegen kommen, da nicht nur ein Wurzelträger dünner als ein beblätterter Spross ist, sondern auch jener sich abwärts krümmt, dieser aber in der Verzweigungsebene des Stengels weiter wächst.

An dem Materiale, welches mir von *Selaginella inaequalifolia* zu Gebote stand, fand ich nur den unteren, bei *Selaginella Martensii* hingegen auch beide und auch den oberen Wurzelträger allein in beblätterte Sprosse verwandelt, immer aber war der nicht metamorphosirte Wurzelträger nur als Rudiment vorhanden, nie ausgewachsen (**6**, 7 u. 8 Wt. o). Die fraglichen Sprosse traf ich sowohl an jugendlichen, als auch an alten Gabelungen, ferner auch dann, wenn einer oder beide Gabelsprosse zu Sporangien-Ständen geworden waren. Da ich die metamorphosirten Wurzelträger an sehr alten Gabelungen auch noch in ganz jugendlichen Entwicklungs-Stadien traf, so muss ein rudimentär gebliebener Wurzelträger erst nachträglich zu einem beblätterten Sprosse auswachsen können. Dieses ist übrigens nicht auffallend, da lange rudimentär gebliebene Wurzelträger später sich weiter entwickeln können, was man z. B. beobachtet, wenn man in Wasser gestellte Zweigstücke in einem dampfgesättigten Raum verweilen lässt.

Bleiben wir nun zunächst bei *Selaginella inaequalifolia,* bei welcher ich, wie schon gesagt, nur den auf der Unterseite einer Gabelung entspringenden Wurzelträger in einen beblätterten Spross verwandelt traf.

Ein jugendlicheres Entwicklungsstadium als in Fig. 7 (Taf. **6**) abgebildet ist, konnte an dem zu Gebote stehenden Materiale nicht gefunden werden. Auf dem Vegetationspunkt eines solchen Sprosses fand sich eine zweischneidige Scheitelzelle, welche in gleicher Weise wie an den Zweigen Segmente abschnitt, die, wie auch die Seitenwände der Scheitelzelle, den beiden Gabelsprossen zugewandt waren, aus deren Winkel der metamorphosirte Wurzelträger entsprang. Nach dieser Lage wäre es möglich, dass sich die wahrscheinlich zweischneidige Scheitelzelle des Wurzelträgers zu einem beblätterten Sprosse weiter entwickeln könnte, da die Seitenwände jener nach Nägeli und Leitgeb[1]) der Längsachse des Stengels parallel stehen. Freilich ist es noch zweifelhaft, ob diese Scheitelzelle an den rudimentär bleibenden Wurzelträgern persistirt, und so ist schon aus diesem Grunde ohne eine sorgfältig verfolgte Entwicklungsgeschichte nichts Bestimmtes zu sagen.

Das erste oder die ersten zwei bis vier an dem metamorphosirten Wurzelträger entspringenden Blätter hatten eine aussergewöhnliche Gestalt. Wenn zwei vorhanden, so waren diese ungleich hohen Querschnitten inserirt; ich muss es aber dahin gestellt sein lassen, ob der Ursprungsort derselben eine gleiche relative Lage zu der Achse, wie der der Blätter der Zweige einnimmt, da die abnormen Blätter späterhin vielmehr mehr oder weniger genau auf der Ober- und Unterseite standen, eine Stellung, welche auch einem isolirten ersten Blatte, wenn ein solches vorhanden, zukam. Diese Blätter erinnerten noch am meisten an die Keimblätter von *Selaginella Martensii,* doch war die Spitze nicht selten ausgefressen gekerbt und die Fläche wellig. Das Blattgefässbündel war meist wenig kräftig, der Randsaum unvollkommen und Spaltöffnungen fehlten ganz oder fanden sich nur spärlich; übrigens waren die Blätter grün, und eine, wenn auch nur kleine Ligula fehlte nie.

Nach ein oder zwei solcher abnormen Blätter wurden dann die Blätter denen der Zweige gleich, und standen wie diese in decussirten Paaren, oder es fanden sich auch noch ein bis zwei Blätter, welche sich der Form nach den Zweigblättern schon mehr näherten, aber in ungleicher Höhe inserirt werden; wohl aber ergänzten sich diese Blätter zu einem Paare, welches mit dem folgenden normalen Blattpaar gekreuzt war. Diese letzteren, der normalen Blattstellung vorhergehenden

1) Nägeli und Leitgeb a. a. O. S. 125.

Blätter bieten hier also ähnliche Verhältnisse, wie die an den Gabelsprossen des Embryos erstgebildeten Blätter.

An dem ältesten metamorphosirten Wurzelträger, welchen ich auffand, waren, die jüngsten mit eingerechnet, 12 bis 13 normale Blattpaare entstanden, eine Gabelung, welche auch bei *Selaginella inaequalifolia* gewöhnlich nach 8 Blattpaaren eintritt, hatte aber noch nicht stattgefunden. Nur einen einzigen Spross fand ich, welcher sich schon unterhalb des Ursprungsortes eines Blattes in zwei, von welchen einer schwächer entwickelt war, getheilt hatte (**6**, 9). Wie schon gesagt, wachsen die Sprosse geradeaus und kommen mit den Zweigen mehr oder minder vollkommen in eine Ebene zu liegen; auch Ober- und Unterseite sind ganz so wie an den Zweigen orientirt (**6**, 8).

Bei *Selaginella Martensii* konnte ich gleichfalls keine jugendlicheren Entwicklungsstufen als bei *Selaginella inaequalifolia* auffinden, doch waren die missbildeten Wurzelträger jener in anderer Beziehung abweichend. Dass bei *Selaginella Martensii* beide Wurzelträger, wie auch der obere allein, in beblätterte Sprosse verwandelt gefunden wurden, ist bereits gesagt. Stellung und Orientirung der aus der Unterseite eines Dichotomie-Winkels hervorgegangenen Sprosses war die gleiche, wie bei *Selaginella inaequalifolia;* der aus der Oberseite entspringende Spross hingegen kehrte zunächst seine Oberseite (Lichtseite) dem unteren Spross zu, schlug sich aber allmählich rückwärts um, so dass die Oberseite dem Lichte zugewandt wurde.

Eine Verzweigung, welche bei *Selaginella inaequalifolia* vermisst wurde, fand an den missbildeten Wurzelträgern immer früher statt, ehe 8 Blattpaare gebildet waren, welche in der Regel an einem Podium normaler Zweige einer Dichotomirung vorausgehen. An der Mehrzahl der Exemplare war die Auszweigung die gleiche wie an Zweigen, auch wurde die wiederholte Dichotomirung eines jeden Gabelsprosses beobachtet. Das älteste oder die vier ältesten Blätter am ersten Podium waren in ähnlicher Weise wie bei *Selaginella inaequalifolia* abnorm ausgebildet, dann aber folgte die normale Blattstellung; in einzelnen Fällen war das erste Fussstück sehr kurz und trug gar keine Blätter.

An anderen missbildeten Wurzelträgern erschien das sehr kurz gebliebene erste Fussstück in vier Sprosse getheilt, welche nach vier Seiten abstehend einen geöffneten Trichter bildeten, nach dessen

Inneren die Oberseite sämmtlicher Sprosse gerichtet war. Dass diese vier Sprosse durch Viertheilung des Vegetationspunktes entstanden, ist nicht wahrscheinlich, denn an manchen Exemplaren hatte bestimmt zuerst Dichotomirung stattgefunden, die Gabelsprosse hatten sich aber nach nur sehr kurzer Längenentwicklung und ehe sie ein Blatt bildeten von Neuem gegabelt und zwar in einer zu der vorigen Auszweigung senkrechten Ebene. Während wir also in den zuerst beschriebenen Fällen die missbildeten Wurzelträger nur in einer Ebene, wie Zweige, dichotomirt fanden, treffen wir hier eine kreuzweise Gabelung, wie sie den Wurzeln von *Selaginella* zukommt. Eine solche Dichotomirung fand aber nur einmal statt und ohne dass an den sehr kurz bleibenden ersten Gabelsprossen Blätter entstanden (wohl aber an dem ersten Fussstück, welches aus dem Dichotomie-Winkel entspringt), dann aber dichotomirte jeder einzelne Spross nur in der gleichen, seine Ober- und Unterseite trennenden Ebene und zwar immer schon, nachdem vier bis sechs Blattpaare gebildet waren. Bemerkenswerth ist, dass bei der eben dargelegten Auszweigung die sehr kurzen, von den ersten Gabelsprossen gebildeten Fussstücke nie Blätter trugen; denn in allen Fällen, wo sich an denselben Blätter entwickelt hatten, fielen auch die Ebenen der ersten und aller folgenden Gabelungen zusammen. Hiermit stimmt auch ein nur einmal beobachteter Fall überein. Von den beiden ersten Gabelsprossen hatte nämlich der eine sofort wieder, der andere aber nach zuvoriger Bildung einiger Blattpaare dichotomirt, die Ebene dieser letztern Auszweigung stand aber senkrecht auf der der beiden anderen Gabelsprosse, fiel also mit der Dichotomirungs-Ebene des ersten Podiums des metamorphosirten Wurzelträgers zusammen. Die grösste Länge, welche ich an einem metamorphosirten Wurzelträger beobachtete, betrug 15 Millimeter.

Einzelne der missbildeten Wurzelträger schlossen ohne zuvorige Verzweigung mit Sporangienständen ab, an manchen anderen, sowohl den in einer, als in kreuzweise gestellten Ebenen dichotomirten, waren einzelne oder alle Sprosse fertil. An den untersuchten fertilen Sprossen waren nur Mikrosporangien gebildet, in welchen in einigen Fällen ganz normal aussehende, noch nicht ganz reife Sporen lagen, während die Sporen in anderen collabirt waren.

An den immer in der gleichen Ebene ausgezweigten missbildeten Wurzelträgern war sowohl auf der Ober- als Unterseite ein Wurzelträger angelegt und nicht selten fand man einen, zuweilen aber auch beide weiter entwickelt. Wo aber die zweite Gabelung kreuzweise zur ersten stand, schienen, so weit ich beobachten konnte, immer nur aus dem Winkel der zweiten Gabelung Wurzelträger zu entspringen.

Bemerkenswerth ist die Veränderung der Wachsthumsrichtung an den missbildeten Wurzelträgern, denn während diese normaler Weise sich abwärts wenden, um den Boden zu erreichen, wachsen die aus einem unteren Wurzelträger hervorgehenden Sprosse direct in der Verzweigungsebene des Stengels weiter, während die durch Missbildung eines oberen Wurzelträgers entstandenen beblätterten Sprosse sich rückwärts umschlagen, um ihre Oberseite (Lichtseite) dem Lichte zuzuwenden. Diese umgekehrte Orientirung von Ober- und Unterseite zeigt aber, dass die Ausbildung beider, wie es auch an den Zweigen der Fall ist[1]), nicht eine Folge von Aussen einwirkender Kräfte sein kann, sondern den Symmetrieverhältnissen der Pflanze entspringt.

Einen weiteren Fall von missbildeten Wurzelträgern entdeckte ich späterhin im Marburger botanischen Garten an *Selaginella laevigata Spr.* Jugendliche Umbildungsstadien gleichen den von *Selaginella inaequalifolia* beschriebenen missbildeten Wurzelträgern; wie bei dieser Pflanze kommen am ersten Podium gewöhnlich ein bis drei abnorm geformte Blätter zum Vorschein, dann folgen Blattpaare in gewöhnlicher Weise. Nach einer variabeln Anzahl von Blattpaaren gabeln sich aber die metamorphosirten Wurzelträger und zwar immer in derselben Ebene, und wachsen dann überhaupt ganz so wie normale Zweige derselben Species weiter und zwar konnte ich so entstandene Verzweigungssysteme bis zu einem Fuss Länge beobachten.

Alle beobachteten missbildeten Wurzelträger entsprangen hoch über dem Boden stehenden Dichotomie-Winkeln, was desshalb hervorzuheben ist, weil *Selaginella laevigata* nach Nägeli und Leitgeb[2]) aus den unmittelbar über dem Boden stehenden Gabelungswinkeln ächte Wurzeln entwickelt, während an den höher gelegenen Wurzelträgern, und zwar wie bei *Selaginella Martensii* und *inaequalifolia* je einer auf der Ober- und Unterseite der Dichotomie-Winkel producirt

1) Siehe meine Studien über Symmetrie und specifische Wachsthums-Ursachen im I. Heft der Arbeiten d. bot. Instituts in Würzburg, S. 94.

2) Nägeli und Leitgeb, Beiträge z. wiss. Bot. Heft IV, S. 130.

wird. Es fanden sich nun sowohl beide, als auch nur einer dieser Wurzelträger in beblätterte Sprosse verwandelt, und in letzterem Falle war der andere Wurzelträger entweder rudimentär geblieben, oder auch in normaler Weise ausgewachsen.

Die Mehrzahl der missbildeten Wurzelträger fand ich bei *Selaginella laevigata* in Dichomotie-Winkeln, über denen die beiden Gabelsprosse weggebrochen waren, und es lag der Gedanke nahe, dass die Entfernung dieser eine Verwandlung der Wurzelträger in beblätterte Zweige wenigstens begünstigen möchte; dass dieser Metamorphose übrigens ausserdem andere Ursachen unbekannter Art zu Grunde liegen können, dieses zeigen die auch an unserer Species beobachteten Fälle missbildeter Wurzelträger, wo an dem tragenden Verzweigungssystem eine Verletzung überhaupt nicht stattgefunden hatte. Die erwähnte Vermuthung suchte ich durch Experimente zu prüfen, die ich jedoch des spärlichen Materials halber nicht zahlreich genug anstellen konnte, um zu einem sicheren Ergebniss zu gelangen. Es wurden an noch jugendlichen Zweigen die Gabelsprosse über vier Dichotomie-Winkeln weggeschnitten, und an zweien von diesen fand sich dann nach einigen Wochen je ein zuvor nur rudimentär vorhandener Wurzelträger als ein kleiner beblätterter Spross im Auswachsen begriffen. Indess kommt es vor, wie ich auch schon bei den zuerst behandelten beiden Arten von *Selaginella* erwähnte, dass rudimentär gebliebene Wurzelträger noch als beblätterte Sprosse auswachsen, wenn die den Dichotomie-Winkel bildenden Sprosse, ihr Längenwachsthum wenigstens, längst vollendeten, ohne dass eine Verletzung an dem Verzweigungssystem vorliegt, und so lässt sich nach dem erhaltenen Resultat nicht sagen, ob hier das Entfernen der Gabelsprosse zu der Metamorphose der Wurzelträger Veranlassung gab, oder das Zusammentreffen ein zufälliges war. Entscheidender dürften Experimente, wenn sie in grosser Zahl angestellt werden, mit sehr alten Aesten sein, denn an diesen scheinen die Wurzelträger-Anlagen auch normal nur dann heranzuwachsen, wenn veränderte äussere Verhältnisse, wie das Einsetzen in Erde oder in Wasser, einwirken, während an jüngeren Aesten Wurzelträger auch aus einige Zeit lang rudimentär gebliebenen Anlagen hervorwachsen, ohne dass die Vegetationsbedingungen geändert werden. Ich konnte nur über drei Dichotomie-Winkeln die schon sehr alten Gabelsprosse entfernen, und fand dann nach mehreren Wochen beide Wurzelträger-

Anlagen an einer dieser Gabelungsstellen als kleine beblätterte Sprosse hervorgewachsen. Wenn es also auch scheint, dass das Wegnehmen von Gabelsprossen die Verwandlung der der fraglichen Dichotomie angehörigen Wurzelträger-Anlagen in beblätterte Sprosse bei *Selaginella laevigata* begünstigt, so sind meine Experimente doch zu spärlich, um mit einiger Gewissheit hierüber urtheilen zu können.

Wurzeln und blattbildende Sprosse sind zwar gewöhnlich scharf von einander geschieden, doch wird durch einige bekannte Fälle eine bestimmte Grenze zwischen beiden verwischt und ein allmählicher Uebergang vermittelt[1]). Das schönste Beispiel bietet *Neottia nidus avis*[2]), bei welcher Pflanze die Spitze der Seiten-Wurzeln normal, unter Abstossung der Wurzelhaube, als ein weiterhin mit einem Blüthenschaft abschliessendes Rhizom weiter wächst. Die blattlosen, unter der Erde fortwachsenden Sprosse mancher *Hymenophyllaceen* haben das Aussehen von Wurzeln, ob sie freilich auch echte Wurzeln sein können, d. h. ob ihnen einen Wurzelhaube zukommt, ist leider der Darstellung von Mettenius[3]) nicht zu entnehmen. Für *Psilotum* hingegen haben Naegeli und Leitgeb[4]) gezeigt, dass die scheinbaren Wurzeln unterirdische Sprosse sind, denen eine Wurzelhaube fehlt und welche, wenn auch oft im höchsten Grade rudimentäre Blatt-Anlagen erkennen lassen. Ueber Umwandlung von Wurzelspitzen in blatttragende Axen — ich sehe natürlich von seitlicher Bildung solcher Axen an Wurzeln ab — sind mir nur noch zwei Angaben von Karsten bekannt, welcher Autor angibt, dass er aus einer Wurzelspitze von *Dioscorea*[5]) einen beblätterten Spross und aus der Spitze einer Seitenwurzel einer Balsamine eine gefüllte Blüthe[6]) hervorgegangen fand. Da die Wurzelträ-

---

1) Vergl. Hofmeister, Allg. Morphologie S. 427 u. Sachs, Lehrb. 2. Aufl., S. 144.

2) Nach Reichenbach (de poll. Orchid. genes. 1850, S. 10); Irmisch (Biol. d. Orchid. 1853, S. 26) und Prillieux (Annal. d. sc. natur. IV. Ser., T. V (1856), S. 279), bei letzterem auch Abbildungen.

3) Mettenius, Ueber die Hymenophyllaceae in Abhd. d. K. Sächs. Akad. d. Wiss. 1864, S. 407 ff.

4) Nägeli und Leitgeb, Beiträge z. wiss. Bot. Heft IV, S. 147.

5) Karsten, Vegetationsorgane d. Palmen, S. 113.

6) Karsten, Flora 1861, S. 232.

ger von *Selaginella* selbst zwischen Wurzel und Stengel neutral stehende Gebilde sind, so bieten die beschriebenen Missbildungen kein schlagendes Beispiel für Umwandlung von Wurzeln in beblätterte Sprosse, wenn auch bei der kreuzweisen Dichotomirung die beblätterten Sprosse eine gleiche Stellung einnahmen, wie sie den aus einem normalen Wurzelträger entwickelten Wurzeln zugekommen sein würde. Sollte sich indess eine gleiche Missbildung an *Selaginellen* finden, welche aus den Gabelungswinkeln direct echte Wurzeln produciren, so würde ein ganz schlagender Fall der Umwandlung von Wurzeln in beblätterte Sprosse vorliegen; auch *Selaginella laevigata* bietet einen solchen nicht, da an den höher über dem Boden stehenden Dichotomien nur Wurzelträger stehen.

Eine angenehme Pflicht ist es mir hier noch meinen hochverehrten Lehrern, den Herren Professoren Pringsheim und Sachs für die mir bei der Ausführung dieser Arbeit gewährte zuvorkommende Unterstützung meinen tiefgefühlten Dank auszusprechen und ebenso Herrn Dr. Magnus in Berlin, der mich wiederholt mit Untersuchungsmaterial versorgte.

Erklärung der Abbildungen.

Die folgenden Bezeichnungen werden bei allen Figuren mit gleicher Bedeutung angewandt:

Ex.: Exosporium.
Et.: Embryoträger.
St.: Scheitel der embryonalen Achse.
H. G.: Hypokotyles Glied.
Bl.: Keimblatt.
Fl.: Stengelblatt.
L.: Ligula.
F.: Fuss.
W.: Wurzel des Embryos.
Wk^1: Die aus dem Dermatogen entstandene Wurzelkappe.
Wk^2: Die Wurzelkappe, welche aus der ersten von der Scheitelzelle abgeschnittenen primären Kappenzelle hervorgeht.
Ws: Wurzelscheitelzelle.
S^1, S^2, S^3 u. s. w., erstes, zweites, drittes u. s. w. Segment.

Auf Tafel **2**, **3** und **4** sind an den Embryonen die Segmente abtrennenden Wände der Reihenfolge nach mit römischen, die Theilungen in den Segmenten mit der Altersfolge entsprechenden arabischen Zahlen bezeichnet. Letzteres gilt auch für Fig. 1 und 2 auf Tafel **6**.

Die eingeklammerten Zahlen geben die Vergrösserung an.

Tafel I.

Fig. 1—14 beziehen sich auf Mikrosporen.

Fig. 1a. Eine sechs Primordialzellen enthaltende Mikrospore, deren Exospor durch Chromsäure aufquoll, in Scheitelansicht. Eine gleiche Spore ist in Fig. 1b so gedreht, dass die Wand d, in Fig. 1c aber die Wand c in der Gesichtsfeldebene liegt (650:1).

Fig. 2. Eine Mikrospore mit 8 Primordialzellen, deren Exospor mit Chromsäure entfernt ist; in a die Scheitelansicht im optischen Schnitt, in b liegt die Wand c in der Gesichtsfeldebene (650:1).

Fig. 3. Mikrospore mit 9 Primordialzellen in zur Hauptachse senkrechtem Querschnitt (650:1).

Fig. 4. Eine Mikrospore mit 4 Primordialzellen (650:1).

Fig. 5 u. 6. Mikrosporen in zur Hauptachse senkrechtem Querschnitt, in welchen die Zertheilung der Primordialzellen begann (650:1).

Fig. 7. Die Vollzahl der Mutterzellen der Spermatozoiden eben gebildet; man erkennt noch die Trennungswände der 6 Primordialzellen (650:1).

Fig. 8. Einige Mutterzellen aus einer Spore wie Fig. 7 (1400:1).

Fig. 9. Mutterzellen, welche sich isolirt hatten und deren Inhalt in centrale Vacuole und dichtes Wandprotoplasma gesondert ist (1400:1).

Fig. 10. Das Exospor ist, wie auch in Fig. 11 mit Chromsäure entfernt, die Mutterzellen haben sich isolirt, die Bildung der Samenfäden ist aber noch nicht vollendet (650:1).

Fig. 11. Wie vorige Figur, nur ist hier nicht allein in der immer steril bleibenden Zelle, sondern auch in der an diese angrenzenden und abnormer Weise mit Cellulosemembran umgebenen Primordialzelle, die Bildung von Spermatozoidmutterzellen unterblieben (650:1).

Fig. 12. Eine Spore, deren Exospor nach theilweise vollendeter Bildung der Samenfäden aufsprang (650:1).

Fig. 13. Eine ihren Inhalt entleerende Mikrospore (650:1).

Fig. 14. Spermatozoiden; a noch in der Mutterzelle; b völlig frei; bei c hängt dem hinteren Ende die Vacuole, bei d die Mutterzelle an (1400:1).

Fig. 15. Axiler Längsschnitt aus einer grossen Spore 6 Wochen nach der Aussaat, aber vor dem Aufspringen, nach einem direct in Olivenöl gebrachten Präparate gezeichnet. In dem Prothallium sind bereits Archegonien entstanden, unterhalb des Diaphragmas ist die Bildung des Endosperms schon ziemlich fortgeschritten (165:1).

Fig. 16. Eine aufgesprungene Makrospore, welche bereits einen jungen Embryo einschloss (70:1).

Tafel 2.

Fig. 1—7 betreffen Entstehung und Ausbildung der Archegonien.

Fig. 1. Die Halszelle war durch zwei gekreuzte Längswände getheilt (von denen eine sichtbar). Zur linken Seite des Archegoniums ist die der freien Aussenfläche angrenzende Zelle noch nicht tangential getheilt (510:1).

Fig. 2. Die Halszellen sind vollzählig gebildet; die Centralzelle zerfiel in Befruchtungskugel und Kanalzelle (510:1).

Fig. 3. Die Halszellen weichen in ihrer axilen Berührungskante auseinander (510:1).

Fig. 4. In dem durch den Schnitt verletzten Archegonium hat sich der Inhalt der Kanalzelle auf Wassereinwirkung in zwei Partieen gesondert (510:1).

Fig. 5. Unterhalb des geöffneten Halskanals zeigt die Befruchtungskugel den Empfängnissfleck oder Keimfleck (510:1).

Fig. 6. Scheitelansicht eines Prothalliums, die centrifugal fortschreitende Entwicklung der Archegonien zeigend (165:1).

Fig. 7. Ein geöffnetes Archegonium von oben gesehen (510:1).

Die folgenden Figuren beziehen sich auf die Entwicklung des Embryos.

In Fig. 8 ist die Eizelle durch eine senkrechte, in Fig. 9 durch eine etwas schiefe Wand getheilt (510:1).

Fig. 10. Während der Streckung des ersten Segmentes der Eizelle zum Embryoträger wurde in der Keimmutterzelle das erste Segment abgeschnitten. — Oberflächenansicht (510:1).

Fig. 11. Optischer Längsschnitt. In der Keimmutterzelle wurde das zweite Segment abgeschnitten; im Embryoträger traten einige intercalere Theilungen auf (510:1).

Fig. 12 stellt einen Embryo dar, an welchem in dem älteren Segmente der Keimmutterzelle das eine Keimblatt angelegt wurde. a ist ein medianer Längsschnitt, b und c sind Oberflächenansichten und zwar blickt man bei b auf das ältere, bei c auf das jüngere Segment der Keimmutterzelle (510 : 1).

Tafel 3.

Die Vergrösserung aller Figuren ist 510:1.

Fig. 1. In diesem Embryo wurden beide Keimblätter angelegt und die zweischneidige Scheitelzelle ist bereits durch entsprechende Theilungen vierseitig geworden. — a ist ein medianer Längsschnitt; b Scheitelansicht.

Fig. 2. Ein nur sehr wenig jüngerer Embryo wie in Fig. 1. In b ist ein medianer Längsschnitt, in a eine Oberflächenansicht bei gleicher Lage des Embryos abgebildet. Einen Längsschnitt, nachdem der Embryo gegen die erstgenannten Figuren 90° um seine Achse gedreht wurde, stellt Fig. 2c dar. Fig. 2d ist eine Scheitelansicht und 2e ein bei tiefer Einstellung genommener Querschnitt.

Fig. 3. Ein weiter entwickelter Embryo ist in a in einem medianen, in b in einem hierzu senkrechten Längsschnitt, in c in Scheitelansicht und in d in einem durch tiefe Einstellung gewonnenen Querschnitt dargestellt.

Fig. 4. Scheitelansicht eines nur sehr wenig jüngeren Embryos wie in Fig. 3.

Fig. 5. Scheitelansicht eines Embryos, bei welchem durch die Theilungen in der zweischneidigen Scheitelzelle nicht eine vierseitige, sondern dreiseitige Scheitelzelle entstand.

Fig. 6. Medianer Längsschnitt eines weiter entwickelten Embryos.

Fig. 7. Scheitelansicht eines Embryos unmittelbar vor der Dichotomirung.

Tafel 4.

Fig. 1. Aelterer Embryo im medianen Längsschnitt. In dem das Procambium umgebenden Gewebe des älteres Segmentes der Keimmutterzelle ist die Sonderung in hypokotyles Glied und Fuss bereits zu erkennen. Die zur ersten Wurzelkappe werdenden Zellen sind schon tangential gespalten. Vom Procambium sind unterhalb des Embryoträgers isodiametrische Zellen abgetrennt (510:1).

Fig. 2. Ein gerade dichotomirter Embryo. Fig. 2b ist eine Scheitelansicht, 2a ein mit der Medianebene der Kotyledonen und der ursprünglichen zweischneidigen Scheitelzelle paralleler, 2c ein zu dieser Medianebene senkrechter Längsschnitt; für 2b und c ist die Zellfolge ausserdem schematisch dargestellt. Die mit römischen Zahlen bezeichneten Wände (bis V) trennen Segmente ab; 6 und 7 sind Theilungen im jüngsten Segmente, nach welchen eine zweite Scheitelzelle gebildet ist (510: 1).

Fig. 3. Scheitelansicht (b) und zur Medianebene der Keimblätter senkrechter Längsschnitt (a) desselben Objectes. Das die beiden Scheitelzellen trennende Segmentstück hat zahlreiche intercalare Theilungen erfahren (510:1).

Fig. 4. Längsschnitt durch die beiden Gabelsprosse des Embryos, an welchen eben die ersten Blätter entstehen. Auf dem pct. veget. fand sich schon eine zweischneidige Scheitelzelle, deren Seitenwände in dem dargestellten Längsschnitt in der Papierebene liegen (510:1).

Fig. 5. Ein Embryo welcher aus der Spore hervorbrach; letztere ist in Längsschnitt dargestellt (45:1).

Fig. 6. Ein noch nicht aus der Spore hervorgebrochener Embryo im medianen Längsschnitt (165:1).

Tafel 5.

Fig. 1. Medianer Längsschnitt eines Embryos, dessen Wurzelscheitelzelle eben gebildet wurde. Das zur ersten Haube werdende Dermatogen ist noch nicht tangential gespalten (310: 1).

Fig. 2. Theil eines Längsschnittes von einem ähnlichen Embryo wie Fig. 1. Die tangentialen Theilungen in den die erste Wurzelkappe liefernden Zellen des Dermatogens sind bereits vorhanden (310:1).

Fig. 3 u. 4. Längsschnitte aus weiter entwickelten Keimwurzeln. Bei 4 endet die aus dem Dermatogen gebildete Wurzelkappe einschichtig, bei 3 aber zweischichtig; an beiden Präparaten war von der Scheitelzelle eine primäre Kappenzelle abgeschnitten (310: 1).

Fig. 5. Längsschnitt aus einer Spore, in welcher zwei ungleichalterige Embryonen in Ausbildung begriffen sind (165:1).

Fig. 6. Die beiden Gabelsprosse des Embryos in einem weit entwickelten Zustande. Am rechten Dichotomie-Spross wurden succedan und an ungleich hohen Querschnitten drei, mit fortlaufenden Zahlen bezeichnete Blätter gebildet, ehe die normale Blattstellung (mit 4—4) begann; am linken Gabel-Spross gingen dieser aber vier Blätter voraus. (Vergrössert.)

Fig. 7. Schematische Darstellung der Gabelung des Embryos und der Dichotomie-Sprosse. Das Schema zeigt, dass an jenem die Gabelung in einer durch die kleine Achse des elliptischen Querschnittes gelegten Längs-Ebene stattfindet, während umgekehrt an den Gabelsprossen die Auszweigungs-Ebene eine durch die grösste Achse des elliptischen Querschnitts gelegte Längs-Ebene ist. Eine durch die ursprüngliche Scheitelzelle des Embryos und die Scheitelzelle eines jeden der beiden Gabel-Sprosse gelegte Ebene durchschneidet also die Schneiden der zweiseitigen Scheitelzelle, während bei allen folgenden Auszweigungen eine durch die Scheitelzelle des Mutter-Sprosses und der beiden Gabel-Sprosse gelegte Ebene Median-Ebene der zweischneidigen Scheitelzellen ist. Die abweichende Stellung der ersten an den beiden Dichotomie-Sprossen des Embryos auftretenden Blätter ist an den im Schema rechts und links vom Embryo liegenden Sprossen dieselbe, wie an den gleichgerichteten Gabel-Sprossen der Fig. 6. — E. Embryo; G^1 dessen beide Gabel-Sprosse, welche die Mutter-Sprosse der Dichotomie-Sprosse G^2 sind.

Tafel 6.

Fig. 1. Axiler Längsschnitt durch den Vegetations-Punkt eines Zweiges. Die grosse Achse des elliptischen Querschnittes liegt in der Papier-Ebene (310:1).

Fig. 2a. Scheitel-Ansicht des Vegetations-Punktes eines Zweiges. — 2b ist ein unmittelbar unter dem Scheitel genommener Querschnitt von einem anderen Zweigende (310:1).

Fig. 3. Der eben dichotomirtende Vegetations-Punkt eines Zweiges; bei a. ein axiler Längsschnitt, bei b. in Scheitel-Ansicht (310:1).

Fig. 4. Weitere Ausbildung der Dichotomie (310:1).

Fig. 5. Ein Vegetations-Punct von Oben gesehen, um die Blattstellung zu zeigen. Die vier letztenstandenen Paare sind mit fortlaufenden Zahlen bezeichnet (200:1).

Fig. 6—9 betreffen die Wurzelträger von *Selaginella inaequifolia.*

Fig. 6. Ein gegen die Auszweigungs-Ebene senkrechter, durch einen Gabelungs-Winkel geführter Längsschnitt. Wt. o. der der Oberseite; Wt. u. der der Unterseite entspringende Wurzelträger, welche hier beide nur als Höcker vorhanden sind; X ist das beide Wurzelträger trennende Gewebestück (50:1).

Fig. 7. Der der Unterseite entspringende Wurzelträger ist zu einem Spross geworden, welcher bereits einige Blätter bildete. Wt. o. und x wie in voriger Figur (50:1).

Fig. 8. Ein wie in Fig. 7 missbildeter Wurzelträger in einem älteren Entwicklungs-Stadium (circa 10:1).

Fig. 9. Ein missbildeter Wurzelträger, welcher sich, noch ehe ein Blatt gebildet war, verzweigte (circa 10:1).

Bonn, Druck von Carl Georgi.

Taf. 1.

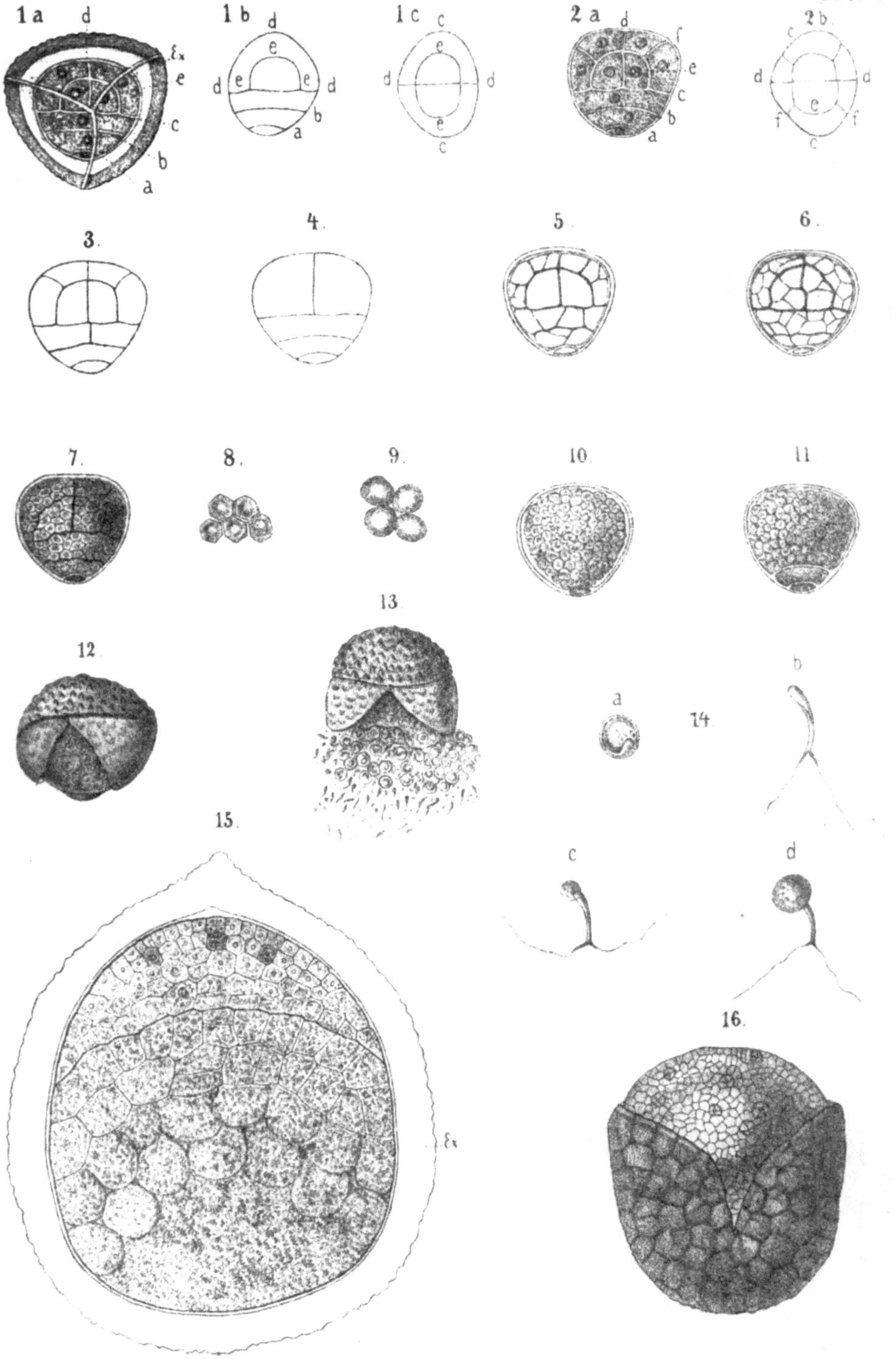

W. Pfeffer gez.

Lith. Jnst. v. A. Henry in Bonn.

Taf. 2.

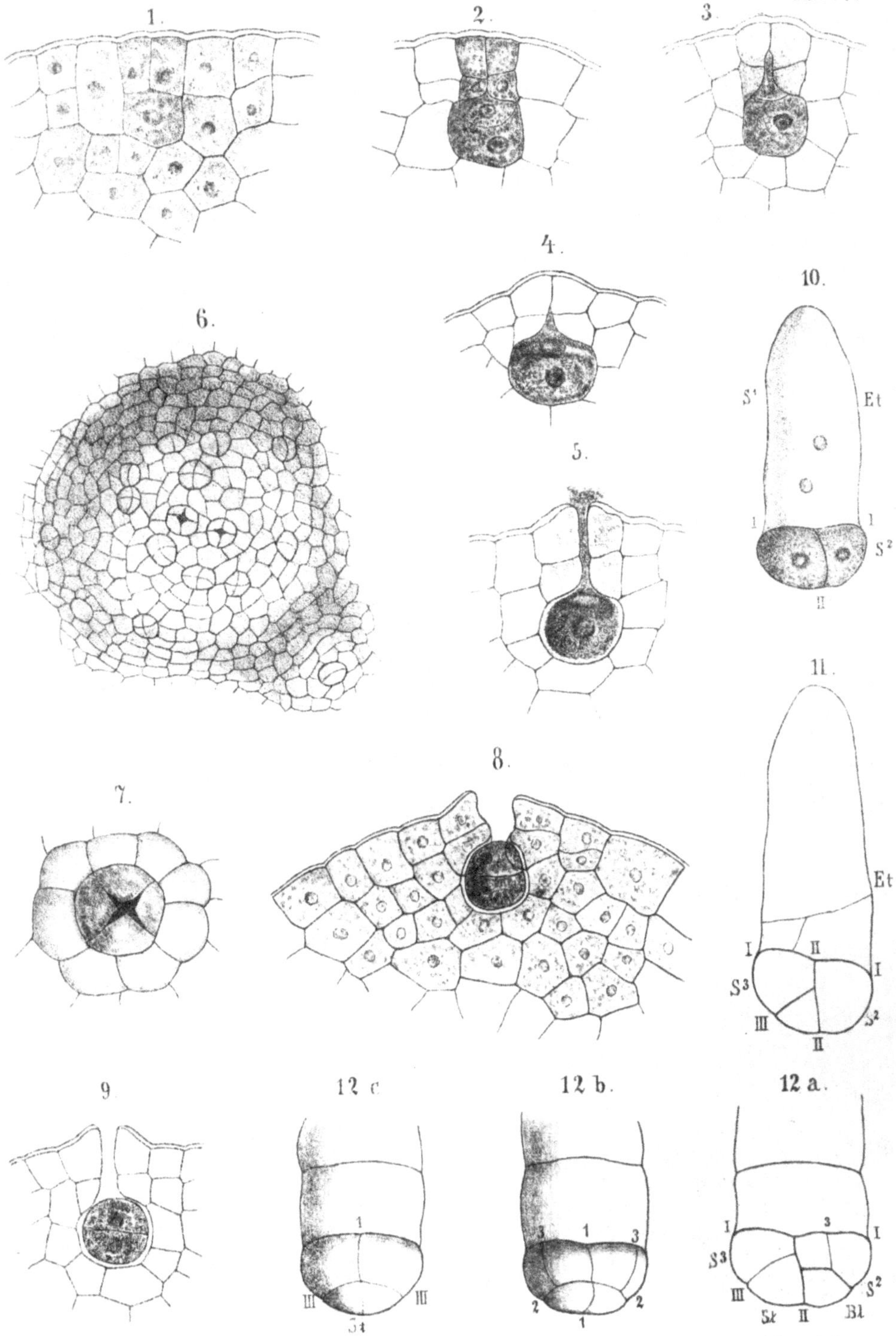

W. Pfeffer gez.

Lith. Inst. v. A. Henry in Bonn.

Taf. 3.

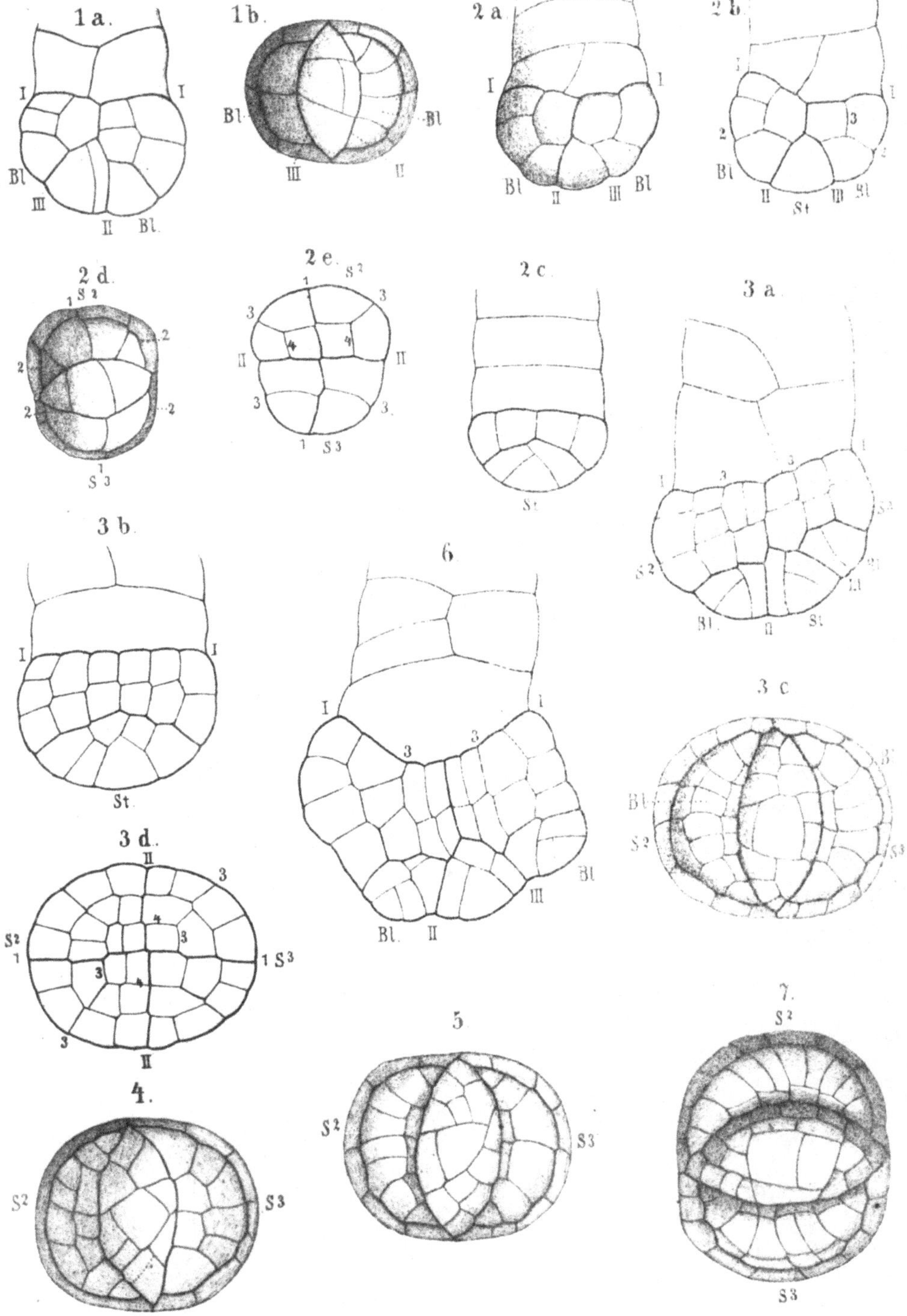

W. Pfeffer gez.

Lith. Jnst v. A. Henry in Bonn.

Taf. 4.

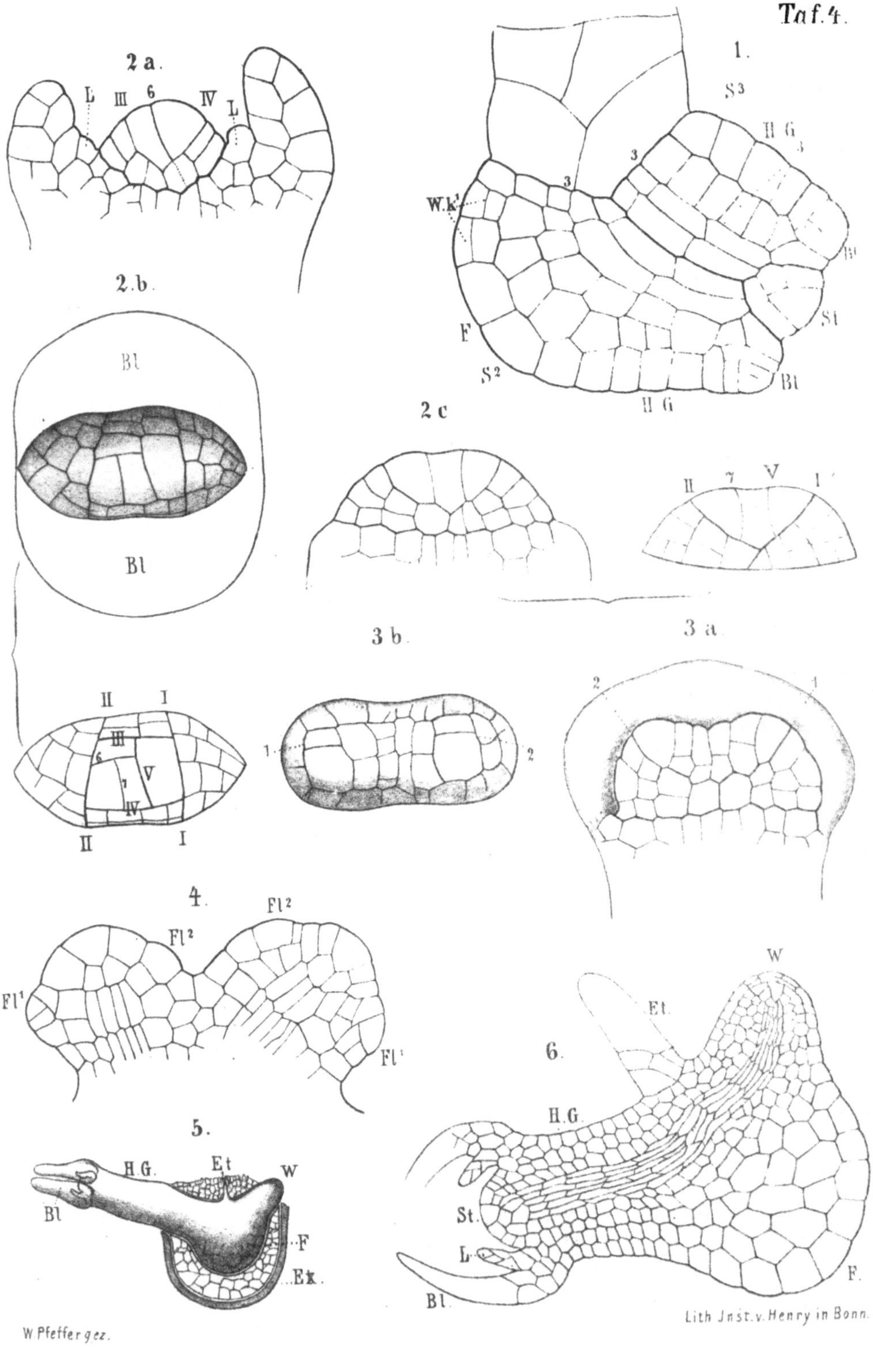

W. Pfeffer gez.

Lith. Inst. v. Henry in Bonn.

Taf. 5.

1.

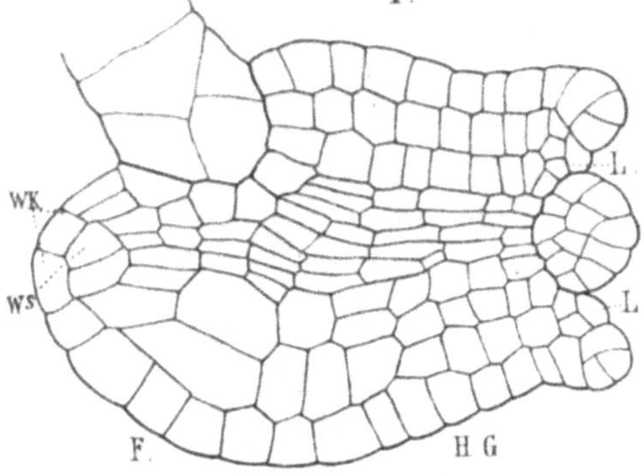

2.

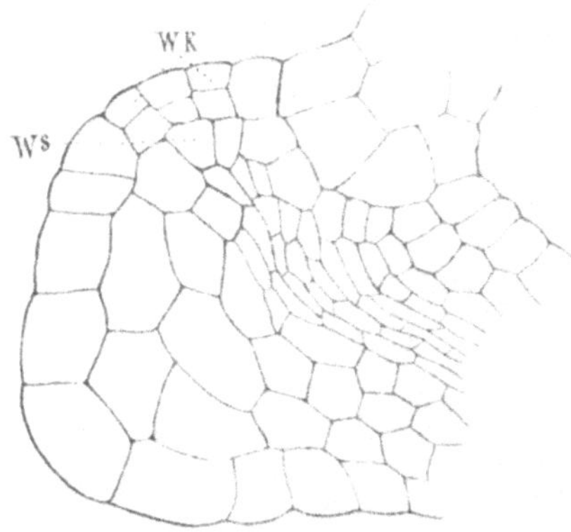

5.

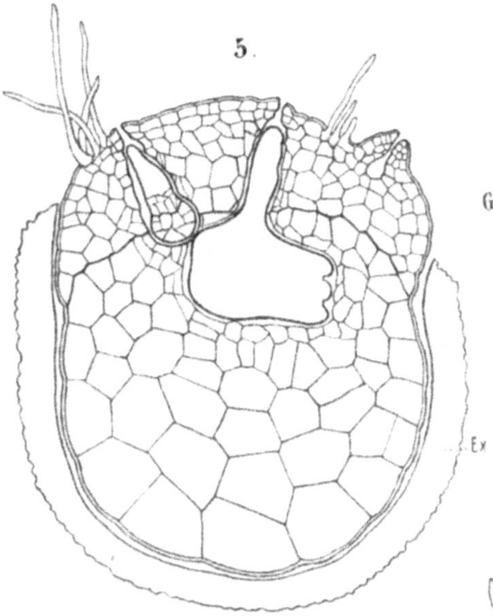

7

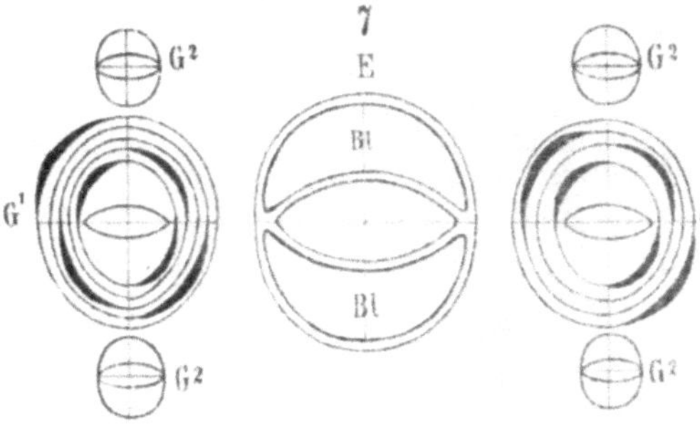

6.

4.

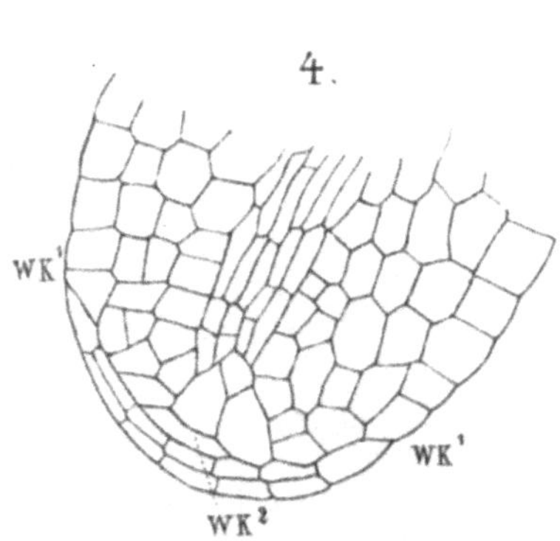

3.

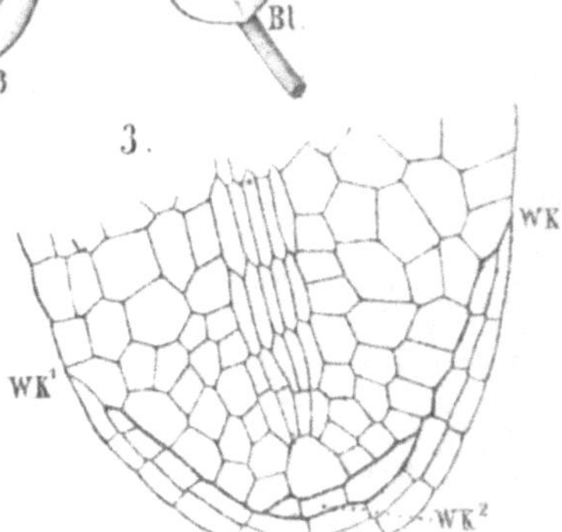

W. Pfeffer gez.

Lith. Inst. v. A. Henry in Bonn

Taf 6.

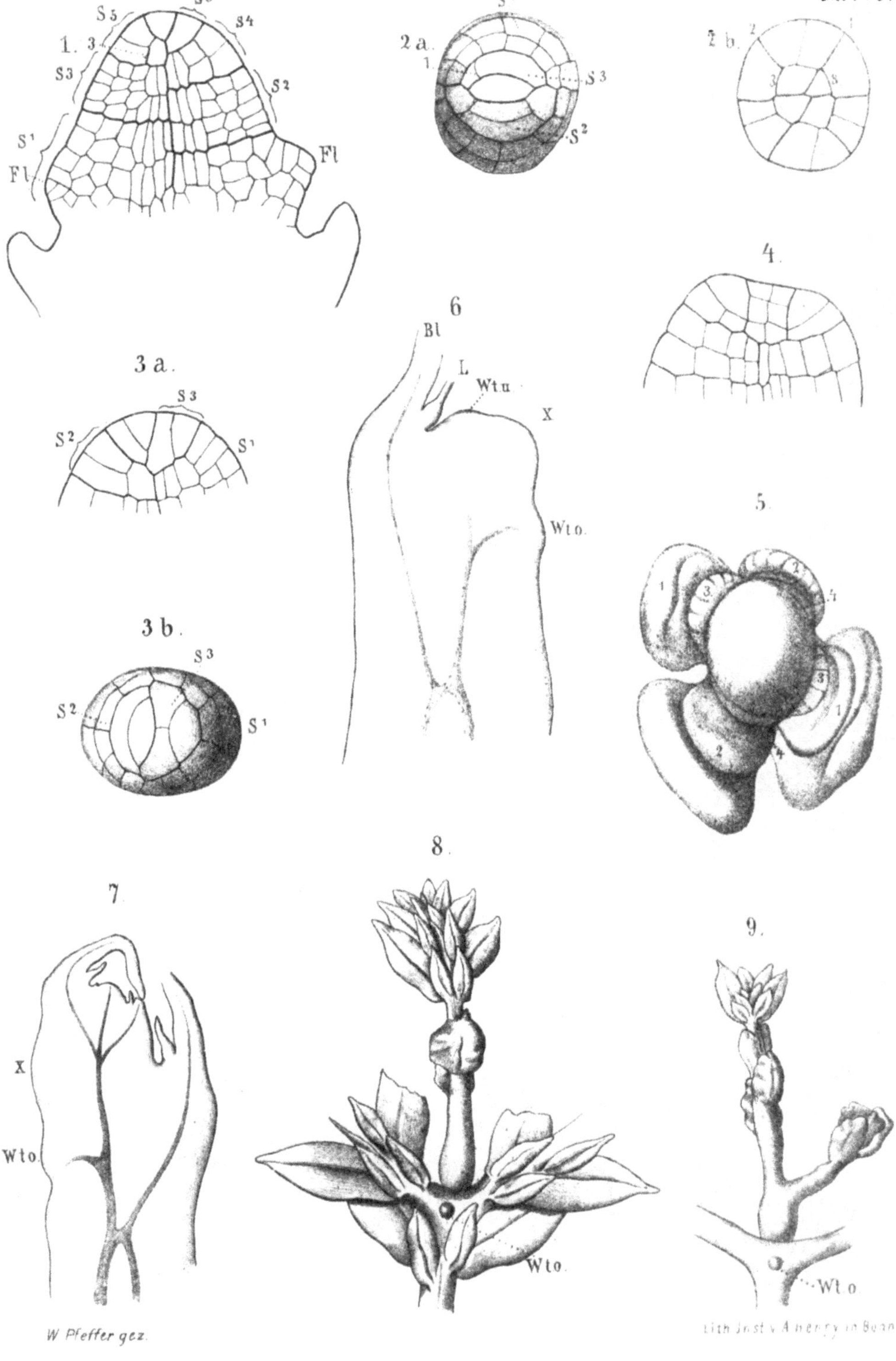

W Pfeffer gez.

Lith Inst v A Henry in Bonn

Das I. Heft der

Botanischen Abhandlungen

enthält:

Die

Entwicklung des Keimes

der

Monokotylen und Dikotylen

von

Dr. Johannes Hanstein.

Mit 18 lithographirten Tafeln.

1870. Preis 2 Thlr. 25 Sgr.

Das II. Heft enthält:

Untersuchungen

über

Bau und Entwicklung der Bacillariaceen

(Diatomaceen)

von

Dr. Ernst Pfitzer.

Mit 6 Tafeln in Farbendruck.

1871. Preis 2 Thlr. 10 Sgr.

Das III. Heft enthält:

Untersuchungen

über

Wachsthumsgeschichte und Morphologie

der

Phanerogamen - Wurzel

von

Johannes Reinke.

Mit 2 lithographirten Tafeln.

1871. Preis 25 Sgr.

MIX
Papier | Fördert gute Waldnutzung
FSC® C083411

Zeitfracht Medien GmbH
Ferdinand-Jühlke-Straße 7
99095 Erfurt, Deutschland
produktsicherheit@kolibri360.de